青少年科学探索第一读物

全彩版

石 阳◎编

陆地之王
战　车

LUDI ZHIWANG ZHANCHE

探索未知
发现未来

甘肃科学技术出版社

图书在版编目（CIP）数据

陆地之王战车 / 石阳编 . —兰州：甘肃科学技术
出版社，2013.4
　　（青少年科学探索第一读物）
ISBN 978-7-5424-1755-8

　Ⅰ . ①陆…Ⅱ . ①石…Ⅲ . ①战车—青年读物②战车
—少年读物Ⅳ . ① E923-49

中国版本图书馆 CIP 数据核字 (2013) 第 067312 号

责任编辑　陈学祥（0931-8773274）
封面设计　晴晨工作室
出版发行　甘肃科学技术出版社（兰州市读者大道 568 号　0931-8773237）
印　　刷　北京中振源印务有限公司
开　　本　700mm×1000mm　1/16
印　　张　10
字　　数　153 千
版　　次　2014 年 10 月第 1 版　2014 年 10 月第 2 次印刷
印　　数　1～3000
书　　号　ISBN 978-7-5424-1755-8
定　　价　29.80 元

前　言

科学技术是人类文明的标志。每个时代都有自己的新科技，从火药的发明，到指南针的传播，从古代火药兵器的出现，到现代武器在战场上的大展神威，科技的发展使得人类社会飞速的向前发展。虽然随着时光流逝，过去的一些新科技已经略显陈旧，甚至在当代人看来，这些新科技已经变得很落伍，但是，它们在那个时代所做出的贡献也是不可磨灭的。

从古至今，人类社会发展和进步，一直都是伴随着科学技术的进步而向前发展的。现代科技的飞速发展，更是为社会生产力发展和人类的文明开辟了更加广阔的空间，科技的进步有力地推动了经济和社会的发展。事实证明，新科技的出现及其产业化发展已经成为当代社会发展的主要动力。阅读一些科普知识，可以拓宽视野、启迪心智、树立志向，对青少年健康成长起到积极向上的引导作用。青少年时期是最具可塑性的时期，让青少年朋友们在这一时期了解一些成长中必备的科学知识和原理是十分必要的，这关乎他们今后的健康成长。

科技无处不在，它渗透在生活中的每个领域，从衣食住行，到军事航天。现代科学技术的进步和普及，为人类提供了像广播、电视、电影、录像、网络等传播思想文化的新手段，使精神文明建设有了新的载体。同时，它对于丰富人们的精神生活，更新人们的思想观念，破除迷信等具有重要意义。

现代的新科技作为沟通现实与未来的使者，帮助人们不断拓展发展的空间，让人们走向更具活力的新世界。本丛书旨在：让青少年学生在成长中学科学、懂科学、用科学，激发青少年的求知欲，破解在成长中遇到的种种难题，让青少年尽早接触到一些必需的自然科学知识、经济知识、心理学知识等诸多方面。为他们提供人生导航、科学指点等，让他们在轻松阅读中叩开绚烂人生的大门，对于培养青少年的探索钻研精神必将有很大的帮助。

科技不仅为人类创造了巨大的物质财富，更为人类创造了丰厚的精神财富。科技的发展及其创造力，一定还能为人类文明做出更大的贡献。本书针对人类生活、社会发展、文明传承等各个方面有重要影响的科普知识进行了详细的介绍，读者可以通过本书对它们进行简单了解，并通过这些了解，进一步体会到人类不竭而伟大的智慧，并能让自己开启一扇创新和探索的大门，让自己的人生站得更高、走得更远。

本书融技术性、知识性和趣味性于一体，在对科学知识详细介绍的同时，我们还加入了有关它们的发展历程，希望通过对这些趣味知识的了解可以激发读者的学习兴趣和探索精神，从而也能让读者在全面、系统、及时、准确地了解世界的现状及未来发展的同时，让读者爱上科学。

为了使读者能有一个更直观、清晰的阅读体验，本书精选了大量的精美图片作为文字的补充，让读者能够得到一个愉快的阅读体验。本丛书是为广大科学爱好者精心打造的一份厚礼，也是为青少年提供的一套精美的新时代科普拓展读物，是青少年不可多得的一座科普知识馆！

目 录 contents

目录

目 录

CONTENTS

目录

CONTENTS

Part 1
坦克史话

　　坦克，或者称为战车，现代陆上作战的主要武器，有"陆战之王"之美称。它是一种具有强大的直射火力、高度越野机动性和很强的装甲防护力的履带式装甲战斗车辆，主要执行与对方坦克或其他装甲车辆作战任务，也可以压制、消灭反坦克武器、摧毁工事、歼灭敌方有生力量。坦克一般装备一口或大口径火炮或同轴机枪。坦克主要由武器系统、火控系统、动力系统、通信系统、装甲车体系统等组成。

坦克名字的由来

　　1916年9月15日凌晨，索姆河战场大雾迷漫，四野死一般寂静。突然间，从远处传来阵阵轰响声。渐渐地，响声越来越大，迷雾被撕破，堑壕在抖动，一个个黑乎乎的庞然大物从迷雾中钻了出来，它们的速度和人跑得一样快，过障碍、越堑壕如履平地。原本对自己的堑壕体系非常自信的德军，面对突如其来的钢铁怪物，一个个目瞪口呆，毫无还手之力，结果只能是尸横遍野、全线崩溃。这种新出现的战场巨人是什么？就是坦克（图1）。那么，人们是如何想到发明这样一个钢铁怪物，并给它取了这样一个怪名字的？

图1

　　原来，第一次世界大战的战场上出现了一种人们预想不到的景象：机枪火力点、堑壕和铁丝网组成了异常坚固的防御体系，那种敲着军鼓、排着横队、端着步枪勇敢地冲向敌阵的战法，只能带来惨重的伤亡。为了打破战场上的胶着状态，人们迫切需要一种将火力、机动、防护结合到一起的新型进攻性武器，人们自然而然地首先想到了具有强大的火力、坚固的装甲和良好的机动能力的军舰。由此，不少人萌生了制造一种能够在陆地上纵横驰骋的"陆地战舰"的想法。

　　第一个着手设计这种"陆地战舰"的人，据说是俄国工程师B.门捷列夫。他于1911～1915年详细拟订了若干个"陆地战舰"的方案，其中竟有一种与现代坦克惊人的相似。此外，英国人D.莫尔（1912年）、奥地利人G.布尔施滕（1913年）等也相继提出了自己的方案，但是这些方案都没有成为现实。

从战争一开始，就在法国前线担任英国远征军观察员兼联络官的恩斯特·斯温顿中校，由于真切地感到了这场大战的残酷，对此他作了更为深入的思考，并于1914年10月，向大英帝国防务委员会郑重地提出了建造"陆地战舰"（图2）的设想。但是，

图2

当时的英国陆军大臣吉齐纳却不以为然，认为这样的东西即使能造出来，也是"敌人炮兵绝好的靶子"，斯温顿的建议不过是"戏言"罢了。

正当斯温顿的建议将被束之高阁之际，当时任海军大臣的温斯顿·丘吉尔偶然见到了斯温顿的报告，如获至宝。丘吉尔亲往英国首相阿斯齐兹处慷慨陈词："为打破战场上的胶着状态，必须研制一种周身包裹盔甲、不怕机枪射击、能突破野战阵地的新兵器！"

阿斯齐兹首相批准了这一报告，责成陆军具体实施。陆军于1915年2月中旬开始了以美国制造的拖拉机为基础的预备试验。由于陆军对这项计划缺乏信心，结果以失败而告终。就在这时，还是在丘吉尔的推动下，海军成立了"陆地战舰"（图3）委员会，开始了"陆地战舰"的研制。

由于"陆地战舰"委员会的成员都是海军专家，他们就依照军舰的模

图3

第一章 坦克史话

样，设计了轮式"陆地战舰"的最初蓝图。从设计图纸上看，这是一个长30米、宽24米、高达4层楼、装着3个直径达12米的大轮子，重量超过1200吨的大怪物。很显然，这个大怪物在陆地上根本无法生存，因而不得不中途下马。

正在这时，英国从美国引进了"布劳克"农用拖拉机，给研制工作带来了新的希望。人们在"布劳克"拖拉机的基础上，换装了福斯特·戴姆勒汽油发动机，车体四周安装了军舰上使用的钢板装甲，这样首辆样车就出世了，历史上称之为"林肯1号车"。

1915年9月，针对样车试验中暴露出来的问题，英国人又对车轮等部位进行了改进，终于在年底前完成了新的样车，命名为"小威廉"，它是设计者威廉·特里顿的爱称。按中国通常意译的名称，叫做"小游民"，这就是世界上的第一辆坦克。由于它外型像个巨大的水柜，为了保密，英国人就给它起了个名字叫tank（大水柜），汉音读作"坦克"。此后，这个古怪的名字便名扬天下，延续至今。

"陆战之王"这一显赫的地位也不是一步到位的。坦克在第一次世界大战中小试牛刀，原以为一定会受到军界一致的青睐，可是战后，各国对坦克的作用却产生了很大的争议。一些欧洲军界资深的大佬们，对来自英国海军部的"大水柜"不屑一顾，认为它火力不强，只能杀伤暴露的士兵；装甲不厚，口径稍大一点的炮弹就可以把它打得人仰马翻；机动能力更差，比人跑步快不了多少不说，而且跑不了多远就没油了。因此，他们一口咬定坦克在下一场战争中发挥不了什么作用，甚至比不上骑兵的骏马和军刀。

图4

正是在这种观点的影响下，以致于20年后，第二次世界大战爆发初期，还出现了骑兵打坦克的"壮举"。但是，一些军中的有识之士，特别是一些少壮派，却透过这只"丑小鸭"，看到了它称王称霸的潜在气质。

坦克（图4），就是在这样的一片争议声中，逐渐成长起来的。在第二

图 5

次世界大战爆发前，各国对坦克的发展做了各种各样的探索，研制装备了多种类型的坦克。特别是 20 世纪 30 年代初期，坦克的样子千奇百怪，形态各异，有的用现在的标准来看简直就是"畸形"和"怪物"。轻型、超轻型坦克盛行一时，还出现了能用履带和车轮互换行驶的轮胎——履带式坦克、水陆两用坦克（图 5）和装有两个以上炮塔的多炮塔坦克。但是到了 30 年代末期，坦克的样子趋于了统一，逐渐接近了现代坦克的模样。

这一时期，各国坦克的发展直接与他们对坦克作用的认识和作战理论相关。法国人拘泥于第一次世界大战的经验，十分强调坦克对步兵的支援作用，因此就制造了一些速度低、防护较强的"步兵伴随坦克"，如雷诺FT-17 坦克。这一点在第二次世界大战初期，曾让法国人大吃苦头，法国行动缓慢的坦克，根本不是德国坦克的对手。英国作为坦克的发祥地，有军事理论家、军事史学家富勒等一大批鼓吹集中使用坦克的军官，尽管他们的理论没有被当局采纳，但他们的机械化战争思想却对坦克的发展产生了很大影响，使英国人比较看重坦克的机动性能。于是英国人按照陆军分为步兵和骑兵的传统观念，同时受到坦克出生于海军的影响，别出心裁地将坦克分为"步兵坦克"和"巡洋坦克"（也称为骑兵坦克）。前者突出装甲防护，后者则突出机动性。德国人初期因不重视发展坦克，在一战战场上吃过大亏，又因为战后被禁止制造坦克，民族自尊心受到伤害，反而更加重视发展坦克，对坦克的作用也认识得更加清楚。以德国装甲兵的创建者古德里安为代表的一批青年军官提出了将坦克集中编组使用，并与俯冲轰炸机相配合，实施深远突击的"闪击战"理论，被当局所采纳。因此在坦克的发展上，德国十分注重机动性同火力相结合，使他们的坦克性能走在了世界的前列，古德里安后来还因此晋升德国陆军上将。德国30年代末期制造的A7V型坦克，就是当时坦克中的佼佼者。该坦克重20吨，火炮口径75毫米，时速达到了40千米／小时。

这一时期，除了上述三个坦克制造业最发达的国家外，还有一些国家加入了研制"水柜"的行列。这中间以苏联发展最快。1921年8月31日，

图6

第一辆苏制坦克"争取自由的战士列宁同志"号进行了行驶试车，它的外形很像法国的"雷诺"坦克（图6）。可以明显地看出，早期苏制坦克的设计思想深受法国人影响。进入20世纪30年代，苏联有一个叫做图哈切夫斯基的元帅，提出了大纵深作战理论，主张将坦克集中编组为坦克师、坦克军，在其他军、兵种的配合下，对敌人的防御阵地进行连续、大纵深地突击。这一作战理论彻底改变了苏联的坦克设计思想，使苏制坦克变得十分重视火力、装甲防护和机动性三者的有机结合。到第二次世界大战德国入侵前，苏联设计制造了多种型号的坦克，使它一下子成为坦克生产大国。到1939年，苏军已经拥有15 000辆坦克。在苏联研制的众多坦克中，特别值得一提的是1939年12月开始装备苏军的T–34坦克（图7）。这种坦克代表了当时坦克技术的最高水平，在世界坦克发展史上居于十分显赫的地位，被公认为现代坦克的先驱。T–34坦克在第二次世界大战中做过多次改进，出尽了风头，打得德国人闻风丧胆。

图7

这一时期的坦克，特别是 20 世纪 30 年代后期的坦克，与早期的坦克相比，早已脱胎换骨，不可同日而语。从外观上看，坦克再不像蠢头蠢脑的"水柜"了——虽然它仍然叫"水柜"，而是有了比较看得过去的外观和非同一般的"本领"。首先是"块头"大了，最重的坦克已经超过 50 吨，最轻的也将近 10 吨；第二是"拳头"硬了，普遍装有 37 ～ 47 毫米口径的火炮，有的还安装了 75 或 76 毫米口径的短身管榴弹炮，发射的穿甲弹能穿透 40 ～ 50 毫米厚的钢甲，并出现了火炮高低稳定器；第三是"身体"壮了，装甲厚度达到 25 ～ 90 毫米，普通的步枪机枪很难穿透它，为了对抗反坦克炮。还设计布置了倾斜装甲，并按照各部位中弹的概率分配装甲厚度；第四是"眼睛"亮了，开始采用望远式和潜望式光学观察瞄准仪器；第五是"耳朵"长了，安装了坦克电台；第六是"腿脚"快了，最大速度达到 20 ～ 43 千米 / 小时，并普遍采用了平衡式悬挂装置。总之，坦克再也不是以前的"丑小鸭"了，它的王者风范已经初露端倪。

古代的战车

提起坦克，人们的脑海中一定会浮现出它驰骋黄沙黑土的钢铁英姿，但是，人们或许并不知晓，早在 4000 年前，现代坦克的鼻祖就出现了。

现代坦克的鼻祖是古战车（图 8）。据史料记载，我们华夏的始祖黄帝最先使用了车。到了夏代，一个名叫奚仲的车辆管理官（当时叫"车正"）对原始车辆进行了改造，使车的行驶性能大为改进，所以，民间将他奉为"车神"，认为他是车的发明人。

大家都知道，早在远古时代，人

图 8

类为了争夺食物和领地，就相互进行攻击。最初使用的武器是天然的石块和树棍。后来，人们发现火，并能用石头"造"火，于是出现了青铜器，进而出现了刀、矛和弓箭。

刀、矛和弓箭都是进攻性的武器，可是人们发现，在战场上不光要巧妙进攻，更要灵敏防守，于是出现了盾。盾是一种防御性武器，那时的参战将士都是一手拿刀、一手拿盾牌，用刀去进攻敌人，用盾防卫敌人的进攻。然而，人们发现这种"一手拿刀、一手拿盾"的战法很不方便，迫切希望发明一种既能向敌人发起进攻，又能有效地保护自己的武器。

图 9

这种武器在夏朝诞生了，人们将狩猎用的田车改成了马拉战车（图9），并很快成为主要武器。据资料记载，夏朝的第二代君主夏启讨伐有扈氏的战斗就是战车之间的战斗。战前，夏启向待命而发的将士发出庄严的战斗誓言，誓言中规定了每辆车上的车左、车右和御者的职责。在商汤灭夏的战斗中，商王成汤率战车70辆和敢死士6000人参加剿杀，大败夏桀于鸣条（今河南封丘东）。

商代战车已经比较先进，中国科学院考古研究所1972年在河南安阳就曾发掘出一处商代车马坑，战马的遗骨和战车的轮廓清晰可见。这种战车是木质结构，只在重要部位装有青铜件，车厢为方形，独辕，两个车轮，车轮的直径较大，每车有"车左"、"车右"、"御者"三人，"车左"是一车的首领，手拿弓箭，主管射击；"车右"手拿长矛，主管击刺，并有为车辆排除障碍的任务；"御者"主要负责驾驶车辆，只配供自卫用的随身短兵器。

公元前1066年，中国古代战争史上著名的牧野之战打响了。当时正值商朝末年，商纣王暴行劣政，杀害老臣比干，宠爱妃子妲己，引起了人们的不满。周武王在姜子牙的帮助下，亲自率领300辆战车和3000名武士、45 000名甲士进攻商朝的首都，两方军队在牧野发生了激战，周武王借助战车的威力推翻了商朝，建立了周朝。在周朝，几乎所有的作战均使用战车，战车成为当时军队的主要突击力量。部分历史学家甚至将夏、商、西周直至春秋，绵延达千年之久的时间称为战车时代，也正因为如此，我们从祖先创造的象形字"军"、"阵"等字中均能找到"车"的痕迹。《说文·车部》对"军"字的解释是这样的："军，兵车也。"《玉篇》和《广韵》又将"阵"解释为："阵，旅也"，"阵，列也"。把战车按一定作战意图排列起来，叫做军阵。由此更可看出战车在军队中的地位。

春秋时期，生产力的不断发展和诸侯间兼并战争的日益加剧，战车（图10）的发展达到鼎盛。"千乘之国"（拥有一千辆战车的国家）、"万乘之君"（拥有一万辆战车的国君）等都是表示了

图10

这些国家的国势强大。春秋末期的晋和楚，拥有战车的数量已达4000辆以上。公元前505年的柏举战斗中，秦、楚军与吴军交战双方出动的战车在2000辆以上，可见当时车战规模之大！春秋末期的著名军事家孙武在《孙子兵法》中就曾多次提到战车及其车战。例如，在《作战篇》中，孙武就曾这样写道："凡用兵之法，驰车千驷，革车千乘，带甲十万；千里而馈粮，则内外之费，宾客之用，胶漆之材，车甲之奉，日费千金，然后十万之师举矣。"在这里，孙武为我们描绘了一场无比壮阔的古代车战（图11），你看，"驰车千驷"中的驷指的是四马战车；"革车千乘"的革车指的是用于后勤保障的车辆；"带甲十万"指的是兵卒十万。

然而，当时的战车太庞大、太笨重，一辆战车宽约3米，架上4匹马后，全长超过8米，这样，一辆战车占地面积就达9平方米。因而，必须在广阔平坦的地面上才能进行车战。

战国时期，弓箭的射程日渐增大，机动作战能力日益提高，目标高大的古代战车日渐失去优势。当然，战车退出战争舞台的过程是相当漫长和持久的，到战国时期，仍不时发生大规模的车战，如《史记·张仪列传》中就曾记载秦军"带甲百余万，车千乘，骑万匹"。当然，这时战车的主

图 11

要地位已开始让位，尽管如此，一直到秦汉时期，战车在战争中仍发挥一定作用。

到汉代，汉王朝为了与匈奴军队作战，大量发展了骑兵。敏捷、机动的骑兵很快就崭露头角，日渐取代了战车的主导地位。昔日驰骋疆场、如排山倒海之势的凛凛战车终于被在各种地形上均能机动作战的步兵和骑兵所取代。

中国人最早发明了车，但不是战车的最先使用者。约在公元前26世纪古代两河流域的苏美尔人最先使用了战车。苏美尔人的战车为木质，4辆，由2头驴牵引，车轮是很重的实心小轮，行驶速度很慢。

公元前2000年前后，辐条式车轮和马拉战车出现了，战车发生了革命性的变化，辐条式车较轻便，马又比驴要敏捷得多，故战车的机动性大增。公元前1674年，希克索人运用机动的战车和投枪、弓箭入侵古埃及，以至于古埃及人自认为"未经战争"就被希克索人征服了；之后，希克索人统治埃及长达一个世纪；最后，古埃及人仿效希克索人，秘密制造出自己的战车，终于把侵略者赶出了国土，并称雄于中东之区。

古埃及的马拉战车（图12）有2或4个车轮，由1～3匹马牵引，车上有2名士兵，其中，一名是驭手，一名是兵器手。兵器手的主要武器是弓箭或投枪，士兵身着铠甲，作战时，车马飞奔，直向敌阵冲杀。

图 12

埃及战车（图 13）使古埃及国威、军威大振。公元前 14 世纪末，古埃及 19 王朝法老拉美西斯二世调集 20 000 余人，战车 2000 辆，为争夺叙利亚地区的统治权与小亚细亚的赫梯国王在卡迭石地区展开了会战，赫梯人也调集了 20 000 余人，战车 2500 辆。起初，拉美西斯二世中计进入赫梯人的埋伏圈，险些全军覆没。后来，古埃及的援军以严整的队形三线配置（一线为战车并有轻骑兵掩护，二线为步兵，三线步兵和战车各半），每 25 辆战车编成一个中队，猛攻对方侧翼。由于赫梯人的战车也较为先进，双方征战多日未分胜负，在之后的 16 年中，双方不断征战，

图 13

但都未取得决定性的胜利。由此足以可见，赫梯战车的性能也极其优良。赫梯战车比埃及战车稍重一些，每辆战车上有 3 名乘员，第 3 名乘员是盾牌手。

公元前 10 世纪后，亚述帝国取代了赫梯人的地位，成为西南亚的霸主。公元前 8 世纪到公元前 7 世纪末，亚述帝国对外发动了一系列的侵略战争，并取得一系列的胜利。亚述帝国之所以胜利是由于其军队兵种较为齐全，包括有轻装步兵、重装步兵、骑兵、战车兵、工兵等，其中，战车兵配备的重型撞城车是攻坚破城的有效武器。撞城车的车头有巨大的金属撞角，车体外有金属或棉被保护层，顶部很像现代的坦克，里面的弓箭手可以向敌人射箭。亚述战车较重，由牛牵引，有 1 名驭手，1~2 名弓箭手、2 名盾牌手。在 100 多年的征战中，亚述战车与骑兵、步兵配合，出色地完成了使命。

公元前 6 世纪，波斯人取代了亚述人，成了横行西南亚的霸主，波斯人进一步加强了骑兵的力量，使战车兵开始退出战场，尽管马拉战车开始在波斯销声匿迹，然而，波斯攻城车却独具特色。

图 14

到公元前 3 世纪，战车已被骑兵和步兵取代，然而，各大会战（如公元前 333 年马其顿王亚历山大与波斯王大流世三世的伊苏斯会战）仍投入了相当数量的战车。

到公元前 1 世纪，尽管在欧洲还有少数国家使用战车，然而，从总体上讲，骑兵（图 14）已成为当时战场的主宰。

将车辆用于战争，是战争的一大进步，战车从战场上消失，也是战争的进步，经过数千年历史长河之后，坦克这一类似战车的热兵器出现，更是战争的进步，这就是军事辩证法。

坦克的排名

"陆战之王"有一个庞大的家族，家族成员虽然有着大体一致的外貌，却各有不同的本领。王室的兄弟们大体可以分为两支，一支是嫡传的亲兄弟，他们主要是直接在战场上冲锋陷阵；另一支是旁系的表兄弟，他们主要提供战斗支援和进行战斗保障。"亲兄弟"们被称为战斗坦克（图15），这些"表兄弟"们则被称为支援保障坦克或特种坦克。

这里我们主要看一看王室亲兄弟战斗坦克。20世纪50年代以前，这些王室兄弟是按战斗全重来排定座次的，分为了轻、中、重型坦克三兄弟。所谓战斗全重，就是指每位兄弟全身披挂整齐，加足了油料、冷却液、弹药，

图15

随车用的工具、附件、备用件，再加上全部乘员后的总的体量。轻型坦克重为10～20吨，中型坦克重20～40吨，重型坦克重40～60吨。中国古代军事上有句老话，叫"战场亲兄弟，上阵父子兵"。在战场上，这3种坦克真像3个亲兄弟一样，各尽所能，互相支援，配合作战。"老三"——轻型坦克火炮的口径一般不超过85毫米，装甲防护较弱，但机动性最强，主要用于侦察、警戒，也可用于特定条件下作战。"老二"——中型坦克火炮口径最大为105毫米，有较强的装甲防护，机动性也很强，担负主要的作战任务。"老大"——重型坦克具有强大的火力，火炮口径最大为122毫米，装甲防护也最强，但机动性稍差，主要用于支援中型坦克战斗。60年代以后，情况有了很大变化，由于中型坦克发展很快，"老二"开始

在众兄弟中不断"长大"，在火力和装甲防护方面，以及在体重上都完全可以取代重型坦克，因此，众兄弟只好重新排定座次，重型坦克和中型坦克合二为一，出现了主战坦克，"王室三兄弟"变成了"王室两兄弟"。

新的"大哥"主战坦克后面还要详尽地介绍，这里对一直甘心作"小弟弟"的轻型坦克专门作一个描述。

图 16

轻型坦克（图16）虽然按体重在"兄弟"们中排行最后，但它的"军龄"并不短。按照俄国人的说法，世界上第一辆坦克是他们研制的，名字叫做"越野车"。1915年2月1日，"越野车"按照俄国发明家 A.A. 波罗霍夫希科夫的设计，在西北方面军所属的修造厂中开始制造，当年5月份即正式试车。"越野车"的个头很小，战斗全重为3.5～4吨，长3.6米、宽2米、高（不带炮塔）1.5米。装有防枪弹装甲和机枪，是典型的轻型坦克。按照这一说法，排行"老三"的轻型坦克应该是坦克家族中的"头生子"。可惜，对于俄国人的说法，法国根本不承认，因为"越野车"始终只停留在试验样车阶段，而第一种轻型坦克应该算是出现于1917年的法国"雷诺"坦克。"雷诺"坦克采用旋转炮塔和弹性悬挂装置，具有现代坦克的雏形，对坦克以后的发展影响最大。从这一意义上说，轻型坦克还是其他"兄弟"的榜样呢。

轻型坦克在20世纪20～30年代曾经盛行一时。因为根据第一次世界大战的经验，坦克主要用于突破由堑壕、铁丝网和机枪火力构成的防御阵地，支援步兵作战，对坦克的火力和装甲防护要求都不高。这一时期，轻型坦克的主要型号有：英国的"维克斯"Ⅳ型，法国的"雷诺"（图17）R-33和R-35，苏联的T-26和NC，日本的95式等。30年代后期，由于反坦克武器迅速发展，特别是"老二"中型坦克本领越来越高强，"老三"轻型坦克已经无法与"老二"对抗，因此，战场上的"主角"逐渐被"老二"中型坦克所占据。到了第二次世界大战后期，轻型坦克只能退居

"二线"，作为侦察、袭扰之用。战后，轻型坦克技术随着整个坦克技术的提高，也有较大的发展。50～70年代，轻型坦克开始采用铝合金装甲、间隙装甲或屏蔽装甲，安装了76～90毫米的火炮，有的还装有反坦克导弹和三防装置，火力和防护性能有较大的提高。机动性本来就是轻型坦克的

图17

优点，在这一时期发展得更快，已达到60～70千米/小时，而且有的已能空运、空投，有的还可以水陆两用。似乎"老三"轻型坦克命中注定要为整个坦克家族的发展闯出新路，这一时期有两项极具创新意义的技术首先在轻型坦克上采用，一个是美国M551轻型坦克上采用的炮射导弹技术，一个是法国AMX-13轻型坦克上采用的火炮自动装填机技术，前者大幅度地提高了坦克的杀伤威力，后者使坦克成员减至3人。这两项技术后来又被它的"大哥"夺走了，对主战坦克的发展产生了十分重要的意义。

"老三"——轻型坦克（图18）就注定居于次要地位吗？20世纪80年代以来，局部战争成为主要的战争形态。局部战争的一个重要特点是爆

图18

发突然，持续时间较短。因此，快速部署成为装甲部队行动的重要要求。同时，随着特种作战的地位不断提高，轻型坦克的发展又有了新的转折，轻型坦克的设计思想也脱离了主要执行侦察任务的传统观念，而着眼于在水网、丛林等特殊地域担负近战突击任务；或是作为轻型机动战斗车辆，快速部署到作战地域；或是深入敌后，执行特殊任务。轻型坦克的火炮口

图 19

径普遍增大到 105 毫米，配有简易火控系统，火力性能已达到早期主战坦克的水平，在不增加重量的前提下，普遍采用新型材料，挂装附加装甲，改善外形，以增加防护性能。对于这种新概念的轻型坦克，有人称之为轻量级的主战坦克，它大有反超"老大"主战坦克之势（图 19）。

坦克的发展历程

坦克在第二次世界大战中的出色表现，奠定了其帝王的基业。因此，战争结束后，坦克的发展不但没有停止，反而掀起了一股新的高潮，各国的陆军不约而同地走上了装甲机械化的道路。时至今日，坦克"王朝"的江山仍然稳固，已经传了三代：20 世纪 50 年代是陆战之王一世统治时期，60～70 年代由陆战之王二世统治，80 年代以后就是陆战之王三世的天下了。

二战后直到 20 世纪 50 年代末，各国根据第二次世界大战的经验，设计生产了新一代的坦克，这些坦克与它初登"王位"时相比，显得更为成熟。首先是火力有了很大的增强，中型坦克火炮的口径达到 90～105 毫米，

第一章 坦克史话

重型坦克则达到 120～122 毫米，能够发射各种穿甲弹、破甲弹和碎甲弹，并开始采用火炮双向稳定器、红外夜视仪、光学侧距仪、机械模拟弹道计算机，大大提高了射击精度。其次是防护性能有了很大的提高，装甲更厚，车体前部装甲厚 76～127 毫米，炮塔前部装甲厚 110～200 毫米，有的达到 220 毫米，并且更加重视形体防护，也就是把坦克的外形设计得不易被击穿，比如，把炮塔设计成半球形，车体前装甲设计成呈 55°～60° 的倾斜角，当炮弹不是垂直的命中坦克时，只能在装甲板上滑一道伤痕，而不会击穿。有的坦克装了三防装置，自动灭火装置也开始采用。防护能力提高了，坦克的重量也有所增加，中型坦克达到 36～47 吨，重型坦克达到 50～60 吨。另外，坦克的机动性能有了很大的发展，普遍采用坦克高速柴油机，发动机功率达到 382～596 千瓦，坦克最大速度达到 50 千米 /小时以上，最大行程达到 500 千米。这一时期，比较著名的坦克有：苏联的 T-54、T-55 中型坦克；美国的 M48 中型坦克，M103 重型坦克和 M41轻型坦克；英国的"百人队长"中型坦克，"征服者"重型坦克；法国的AMX-13 轻型坦克。

进入 20 世纪 60 年代以后，"陆战之王"开始受到反坦克武器（图20）的挑战，其中有两次最为严重，大有逼其"退位"之势，最终导致了改朝换代。

第一次挑战是反坦克导弹诞生，它导致了"陆战之王"二世的出现。在第二次世界大战末期的 1944 年，德国法西斯为了对付苏联的坦克，由其陆军武器局制定了代号为"X-7"的反坦克导弹。它的诞生确实给刚刚戴上"王冠"的坦克带来了不祥之兆。第

图20

二次世界大战结束之后，反坦克导弹得到迅速成长，终于在 1974 年爆发的第四次中东战争中，给了坦克一次狠狠的打击。"陆战之王"一世的宝座受到严重的震撼。于是"陆战之王"二世勇敢地迎接了这次挑战，促使它的本事不断增长，并用新的技术和招数来武装自己，这就是 20 世纪 60

图21

年代出现的战后第二代坦克，也就是第一代主战坦克，它的火力和综合防护力达到或超过以往的重型坦克的水平，同时还具备中型坦克机动性强的优点，在作战中可以同时发挥两种坦克的作用。这样一来，发展传统意义的中型坦克和重型坦克就失去了价值。于是在坦克的家族中，不再有中型和重型之分，出现了坦克兄弟的"新老大"——主战坦克（图21），从此，坦克步入了"现代社会"。主战坦克具有和重型坦克差不多的体重，达到36～57吨，有的甚至达到60吨，但并不像重型坦克那样笨重，这是因为它的装甲虽厚，但却机动灵活，而且外加了许多其他的防护设施。而且，主战坦克的火力变得更为强大，普遍采用105～120毫米的线膛炮。除了火力的强大之外，更重要的是射击的精度更高了，因为，主战坦克普遍采用了现代化的火力控制系统。这种火控系统以火控计算机为中心，由火炮双向稳定器、各种传感器、测距仪、观瞄仪等组成。主战坦克虽然重，却很灵活、敏捷，最大时速已达50千米／小时，从静止起步加速到每小时32千米的速度只需12～16秒，这表明现代坦克不仅跑得快，而且爆发力好，能够急起急停，这样可以使坦克做出各种复杂的动作，摆脱反坦克导弹的追踪，减少被击中的机会。这一代主战坦克代表有：苏联的T–62、美国的M60系列、德国的"豹"1系列、英国的"奇伏坦"、法国的AMX–30等。

一波未平，一波又起。反坦克武装直升机的崛起，又对坦克构成了新的更大的威胁。特别是20世纪80年代以后，反坦克导弹的新产品——自动制导式导弹装上了武装直升机，使武装直升机对地面装甲目标的攻击能力大大提高，而且还出现了专用的反坦克直升机。反坦克直升机在火力、射程、精度、视野等方面，都明显优于地面坦克。于是，又有人对坦克的"王权"提出质疑，预言"坦克作为陆战

图22

第
一
章

坦
克
史
话

主要兵器的地位将会让位给直升机"。
这时,"陆战之王"二世只好让位于"陆
战之王"三世,也就是第二代主战坦克。
它的总体性能有了显著提高,大多采
用 120 毫米或 125 毫米的高压滑膛炮
(图 22)。有的坦克炮有自动装弹机,
发射弹种较多,甚至可以发射反坦克
导弹。一般都可击穿 500 多毫米厚的

图 23

优质钢装甲。直射战距离 1800 ～ 2200 米。作为最先进的主战坦克,它们
普遍装备了以电子计算机为中心的火控系统。同时,防护力大大提高,除
尽量改善防弹外形,降低车高和加大前装甲倾角外,几乎都采用金属与非
金属复合装甲。机动性能与上一代也不可同日而语。代表型号有:苏联的
T-64、T-72、T-80 系列、"黑鹰"(图 23),美国的 M1A1、M1A2,德
国的"豹"2 系列,英国的"挑战者"系列,法国的"勒克莱尔"系列等。

美俄坦克大比拼

　　说到坦克的发展历史,就不得不提一下美俄这两个世界最大的坦克强
国。冷战时期,苏联与美国互为对手争相研发新式坦克,半个世纪的"较力"
结果如何呢?

　　1991 年海湾地区的一场战事,给两国坦克有了一个全面较量的机会。
这年 2 月,美军有 1956 辆 M1 "艾布拉姆斯"主战坦克投入海湾战争。这
些坦克奔跑快,打得准,横冲直撞,在战场上如入无人之境。伊拉克军队
最优良的俄制 T-72 坦克打出的炮弹大多数打不着它,有的即使打着,也
如同在它身上蹭一块皮,无关痛痒。难怪美军第 1 骑兵师装甲营官兵要呼喊:

"M1A1——伟大！"海湾战争使"艾布拉姆斯"坦克获得了最佳声誉。

M1Al1坦克是M1坦克的改进型。1980年2月28日，M1样车进入陆军试用时得到了新的命名，叫"艾布拉姆斯"。此后就一直沿用下来。

1982年1月大批M1坦克进入现役，可是过了不久，华盛顿的国会会议上就传出了对M1坦克评价不高的声音。尤其是火力方面，它只装置105毫米线膛炮，比起装备125毫米滑膛炮的苏联T-72坦克皆大为逊色，被有的国会议员讥笑作"大车装小炮"。于是，1985年8月，第一期M1改进型的M1A1坦克，驶出了坦克工厂的生产线。

M1A1坦克在"沙漠风暴"中的表现的确突出：首先是首发命中率高，远射威力大。美第1装甲师第35装甲营连长H.基贝纳上尉说："在5天

图24

之内，我们连的14辆M1A1坦克只要瞄准，就能准确无误地给T-72坦克以致命的打击。"因为M1Al坦克（图24）的火力系统及辅助装置运用了20世纪80年代的高技术成果，具有先敌发现和观瞄能力，速射和远射能力也较T-72强，最远射程可达3000米左右，可在T-72射程之外发射。其使用的铀尾翼脱壳穿甲弹，能通过1.5米厚的沙墙，洞穿伊军T72坦克的前甲板，接着又击穿发动机。同时，穿透了装甲的贫铀弹芯在车内产生强燃烧效果，诱爆车内弹药，爆炸掀翻了炮塔。其次，它的防护力强，生存力高，安装贫铀装甲。这些复合装甲呈块状，被置入炮塔和车首内外层结构装甲的"口袋"内。这些新换上的装甲板块结构，好像包装箱的抗震防挤压的瓦楞纸，是一种受控变形板块结构，能缓和动能弹芯的撞击。再次是机动性高，进击快速。"艾布拉姆斯"使用了性能很好的发动机，输出功率为1100千瓦。

图25

是不是因为在"海湾战争"中"艾布拉姆斯"（图25）与T-72的对抗中占尽上风，就可以断言美国坦克优于俄罗斯坦克？除了伊军，训练水平较低之外，T-72坦克也并不是俄罗斯最拿手的坦克。

尽管T-72仍不失为一代名车，但俄罗斯坦克中最耀眼的明星是T-80，它的研制与一个传奇人物是分不开的，20多年来，这个人被当作特殊的珍宝秘藏着，不为世人所知。直到1990年9月莫斯科的《红星报》上刊载了一篇有关他的访问记，他的名字才不径而走，很快传播天下。他便是T-64、T-80坦克的总设计师尼古拉·肖明。

肖明设计的第一款主战坦克是毁誉参半的T-64。由于它造价昂贵得惊人，制造工时也太多，发动机故障率高，悬挂装置非常复杂，难于修理，同时军方认为T-64坦克技术性能不足以胜过北约的坦克，必须尽快搞出一种新坦克替代它。于是，T-64很快就被T-72取代。对此尼古拉·肖明一直心有不服，尽管它并不否认T-64坦克在性能上存在缺点，但他希望人们注意其优点，并开始着手改进T-64，尽管他后来一再宣称T-64改进型并不比T-72差，然而，T-64主战坦克，毕竟没有经过战争的考验。T-72坦克由于出口中东国家，它参加了多次战争，特别是在1980年9月的"两伊战争"地面战中，伊拉克使用的T-72坦克显示了巨大的威力，共击毁伊朗军队M60坦克、"酋长"式（又译"奇伏但"）坦克230辆。尼古拉·肖明的遗憾并没有持续太久。T-72在与美国新推出的坦克M1系列对抗中，开始处于下风。于是，尼古拉·肖明有机会推出了他真正的杰作——T-80。它吸收了T-64改进型的所有优点，炮塔、火控系统、无线电制导的导弹系统和车体部分。

T-80坦克与T-72（图26）坦克对比，首先是攻击力比T-72坦克强。最大的改进，是它的坦克炮还能发射AT-8"鸣禽"式反坦克、反直升机导弹，射程4000米，能击穿600多毫米厚的钢装甲。其次，T-80机动性能也远高于T-72。1983年，T-80坦克服役，

图26

图 27

受到坦克部队的欢迎。

单凭机动力、攻击力来说，假如是 T-80（图 27）在海湾战场，将对"挑战者"1 型坦克和 M1A1 坦克构成极大的威胁。可是，T-80 坦克存在的问题也是要命的，它的夜视仪性能不佳，在夜战中同 M1A1 坦克交手，难免要吃亏。尤其令尼古拉·肖明苦恼的还是发动机使用一段时间就毛病不断。于是在 20 世纪 90 年代初，他推出了 T-80 坦克的改进型——T-80y 主战坦克，它虽然没有反映出基本设计思想的新发展，但许多重要部件都更新和现代化了，也可以说是一种新型主战坦克。它的炮塔是全新的，前顶部区用封焊法将复合装甲封焊，上铺积木式装甲模块。T-80y 安置了一种新型 125 毫米滑膛炮，火控系统新内容多，车长配置了加大观察孔的观测仪，炮长有了新夜视仪和新的弹道计算机；易受干扰的无线电制导系统取消了，取代它的是激光制导系统。T-80y 坦克炮发射由激光制导的反坦克反直升机的导弹，射程达 5000 米，首发命中率比 T-80 主战坦克高。在动力方面，容易出故障而耗油量高的 T-80 燃气轮机也被换掉了。

尼古拉·肖明为设计"突破性坦克"奋斗了几十年，他最大的愿望就是用他毕生的佳作与美军坦克一决高下。

坦克名星

作为坦克诞生地的欧洲，绝不甘心看着美俄（苏联）在坦克技术上"斗法"，而自己只能坐壁上观。1992 年 6 月 22 日，巴黎北部的布尔热展览中心又火爆起来，全球的兵器专家们的眼珠儿都往这儿转，这里开始举行

为期一周的首次巴黎欧洲地面兵器展览会。有几样坦克最为抢眼，他们都不约而同地和 M1A1 坦克较上劲！"艾布拉姆斯"坦克不是在海湾"沙漠风暴"坦克大战中大出过风头吗？我们在性能上超过了它，这本身就是很好的宣传。这些欧洲的坦克名星是：法国的"勒克莱尔"型坦克、英国的"挑战者" 2 型坦克、德国的"豹" 2 改进型坦克，他们一起被冠以"21 世纪战车"的美名。

"勒克莱尔"（图 28）坦克是法国吉亚特工业公司于 20 世纪 70 年代开始研制的，以法国元帅勒克莱尔的名字命名。它在哪些方面超过了 M1A1 呢？据法国新闻媒体的报道：在火力方面 M1A1 主战坦克在"沙漠风暴"地面战中称雄的一个本事是能在行进中射击，可它的行进射击是有限度的，就是坦克行驶时速不能超过 10 千米，

图 28

超过了，坦克炮就不能射击了。而"勒克莱尔"坦克却能在时速 40 千米时，将火炮抬起，把炮弹打出膛，而且能击中 3000 米的机动目标。再看机动能力：美军"艾布拉姆斯"坦克最高时速可达 72 千米，最大行程达 480 千米。"勒克莱尔"（图 29）坦克采用的 V8 柴油发动机组功率虽同"艾布拉姆斯"一样也高达 1500 马力，但性能更好，起动 5 秒钟时速即达 32 千米，公路最大时速高达 75 千米，最大行程可达 550 千米。其变速箱完全自动化，另配有履带液压减震制导装置，这使

图 29

"勒克莱尔"坦克能在任何地面上全速运行。

与"勒克莱尔"同时在巴黎展出英国的"挑战者"坦克也不逊色。在"沙漠风暴"的地面作战中，被称为"沙漠之鼠"之称的英军第 7 装甲旅就凭借"挑战者" 1 型坦克，奋勇进攻，战绩显著。战后，这种坦克成了军火市场的抢手货。"沙漠之鼠"旅最不服气的就是人们把 M1A1 称作最

佳坦克。该旅旅长帕特里克·科丁利准将战后评价说："我一直说'挑战者'是为战争而造的坦克，而不是为了竞争。有证据证明，它比美军 M1'艾布拉姆斯'主战坦克射击更准确。它靠自身携带的燃料肯定会跑得更远些，防护要好些，它的火炮也极为准确。"这次展出的"挑战者"2 型是海湾战争后，维克斯防务系统公司到"沙漠之鼠"旅了解"挑战者"1 型坦克存在的问题，而研制的改进型。尽管外观上看，"挑战者"1 型和 2 型大同小异，然而 2 型却是一种全新的主战坦克。"挑战者"2 型炮塔是重新设计的，安装了最新一代数字式计算机，是 M1A1"艾布拉姆斯"坦克所用火控计算机的一种改进型，还准备增设战地信息控制系统或导航辅助设备。车长座设有供周视观察的 8 个整体式潜望镜，车长不转头就能进行 360°环视观察，一按下潜望镜上的按钮，火炮就自动对准瞄准线。射手从捕捉目标到开火命中目标，打 8 发炮弹仅用 42 秒。为超过"挑战者"1 型，"挑战者"2 型底盘共进行了 156 处改进。这包括动力系统 33 项，变速箱总成系统 11 项，行动装置系统 11 项，车辆电气系统 37 项。它采用了最新式的"乔巴姆"复合装甲，经过化学弹和动能弹的攻击试验，抗击能力很强。"挑战者"2 型坦克的样车曾在公路、土战路上试行了 6000 千米，试射了 3300 发炮弹。机动、火控和防护的试验令英国陆军非常满意。它的装备将大大提高跨世纪时期英军装甲兵的战斗力。

图30

在这次法国巴黎展览会上与"勒克莱尔"、"挑战者"2（图 30）并称为"21 世纪战车"还有德国的"豹"2改进型主战坦克。它虽然没有战场实践，却被欧美地面兵器专家们看好，评判为世界上最先进坦克之一。1972年，设在慕尼黑的克劳斯·玛菲公司研制成了"豹"2 坦克（图 31）样车，而后运到美国同 M1"艾布拉姆斯"坦克进行性能对比试验。试验结果令德国坦克工程师们高兴，因为样车的技术性能甚至比 M1"艾布拉姆斯"样车还好。而"豹"2 改进型的重要改进是改装甲防护，它把第三代新型复合装甲组件插到车体及炮塔的凹槽中，

图31

然后又用辅助装甲层把第三代复合装甲覆盖住。"豹"2坦克炮塔由高强度、高韧性钢与其他材料制成的复合装甲板焊接而成。炮塔顶部安装了含有爆炸组件的附加装甲。同时采用了玛菲公司生产的新型动力机组，能比"豹"1提高20%的功率，并特别配装了电子控制装置，使"豹"2改成为"女秘书都可以轻松驾驶"的坦克。"豹"2改不仅观瞄和测距手段先进，火炮的质量也是上乘的。尽管美国、荷兰和瑞士的坦克都选择了德国莱茵金属公司研制的120毫米滑膛炮，但"豹"2改采用的120毫米是莱茵公司专为"豹"2改研制的，自然要比卖给别人的强。

"豹"2改不使用贫铀穿甲弹。贫铀穿甲弹在海湾战争中表现惊人，不少国家抢着研制或订购贫铀弹。德国坦克专家另有看法，他们认为，现今还没有相当科学的方法确保能完全避免放射性污染。何况，德国又研制出一种威力不亚于贫铀穿甲弹的新的钨合金弹。同时，他们暂不搞装填自动化，仍然配备4名乘员，这并不是技术没有解决，而是设计者认为，多一名乘员就是在允许的空间内多一名操纵高技术武器的能手。无疑，这在战场出现乘员伤亡的情况下，要比乘员少的坦克有优势。这些充分显示出德国坦克设计者高超的设计艺术。

大镰刀战车

大镰刀战车（图32）和大象攻城车都是波斯帝国发明的，其中，大镰刀战车是这个古国的国王居鲁士发明的。大镰刀战车的整个形状像一只巨形马蹄，在车首装了两把大刀，弯弯的像特大的镰刀。战车由两匹马拉着，但这两匹马装在车里边，士兵们也在车内驾驶着马，一旦战车驶入敌阵，"大镰刀"就挥动起来，飞舞着砍杀敌人。

图32

公元前546年，居鲁士大帝在廷姆布拉战斗中使用了300辆战车，用以开路和向敌人冲击，获得了成功。然而，在以后几百年的征战中，尽管也多次使用这种战车，但却没有取得什么战果。

有军事学家认为，大镰刀战车把动力、士兵纳为一体，与现代坦克相似，然而，它绝不是现代坦克的先驱，它只不过是一种可以战斗的马车而已。后来毫无建树的大镰刀战车之所以如此落魄（图33），根本原因就在于它太笨重，也经不起步兵的弓箭和投枪的猛烈攻击。

大象攻城车说开了不是车，但它却有战车的性质。大象攻城车并不复杂，在大象的头部挂上可以冲撞敌人的金属利器，再在大象的背上驮着木质或革质的"堡垒"，"堡垒"上有3～6个投枪手，可以向敌人投枪或射箭。

图33

公元前 326 年，波斯亚历山大大帝与印度国王帕鲁士的战斗打响了，亚历山大首次将大象攻城车用于战争。起初，波斯军队无声无息，静待敌军十几支步兵部队的进军。忽然间，吼声大作，大象攻城车出发了，大象们甩着长鼻和金属利器向敌军猛冲过去，敌人见到发怒的象群向他们冲击，纷纷夺路而逃。一时间，敌阵大乱，与此同时，象背上的投枪手立刻把弓箭和投枪雨点般地射向敌人。四处逃散的敌人不是被乱箭射死就是被大象踏死，阵地上丢下了上千具尸体，而大象战车却毫无损伤。

一夜之间，大象战车名声大振。

大象战车在初期发挥了一定的威慑作用，引起了波斯敌对国希腊的不满，为了能克敌制胜，希腊举国想起了对策。很快，一条妙计经过秘密试验酝酿而成。

这条妙计也很简单，就是在猪的尾巴上涂满松脂。公元前 270 年夏季，波斯与希腊间的一次战争打响了，希腊的步兵刚刚出动，波斯的大象战车又满怀信心压了过来，面对几百只巨兽，希腊步兵忽然间退入了壕沟。波斯人以为希腊步兵胆怯了，哪料一群尾巴上燃着熊熊烈火的猪嚎叫着从希腊的阵地向波斯大象战车群冲了过来，大象哪里见过如此燃着熊熊烈火的动物，吓得东奔西窜，相互撞的撞、踩的踩，甚至把背上的"堡垒"摔了下来。

几百头价格极低的猪打败了经过长期训练的大象战车群，从而宣告了大象战车的消亡。

达·芬奇战车

大家都知道，矛出现后不久，盾就诞生了。盾（图 34）是士兵手持的用于防守的兵器。然而，盾的携带在增加防护能力的同时减少了进攻能

图34

力，而且不方便。金属诞生之后，盔甲终于出现了，盔是头盔，甲是甲衣，金属做的甲，后来也叫铠。公元前200年左右，铁制盔甲逐渐普及。到公元10世纪，中国已经能煅造质量很好的钢了。宋朝沈括在《梦溪笔谈》中曾记载一种名叫青堂羌族猴子甲的盔甲，据说在50步之外用强弩也射不穿。中世纪时，欧洲铠甲制造水平达到高峰，盔甲种类很多。金属盔甲（图35）是很重的，仅一只头盔就有2～3千克，而最重的铁甲可达25～30千克。可以想象，穿上这种盔甲打仗，是很不方便的。然而，这种趋势却没有好转，后来，骑兵们的盔甲更重了。14世纪，银光闪闪的大白盔甲甚至把骑士的躯干、四肢、头部全都遮掩起来，达到"刀枪不入"的程度，重达40千克。每次穿盔甲，都要有人帮忙，每次上战马，同样要人帮忙，一旦在战场上跌倒，就算没有任何皮肉之伤，也绝对爬不起来。现代人形象地将古代这种只在头部留几个小孔观察和呼吸的盔甲称为"有生命的坦克"。它大概也称得上是现代坦克的基础，或者说是古代战车的延续。

大家都知道意大利著名艺术家达·芬奇，知道他的《最后的晚餐》，知道他的《蒙娜·丽莎》，然而，你可能不会想到，达·芬奇这位艺术大师竟是军事奇才，他在声纳、潜水艇

图35

以及本文所要介绍的坦克上都做出过贡献。

达·芬奇48岁时设计出了一辆酷似后来坦克的战车。有人曾经从达·芬奇的谈论中知道，他的战车灵感来源于我们前面所提到的盔甲。达·芬奇的战车靠一副绞紧了的弹簧所产生的弹力来前进，就像我们手上戴的手表依靠发条运转一样，车上横着一根T形木棒，木棒两端用结实的皮带系住两根粗木棒，车一动，T形的木棒就带动粗木棒飞旋起来，敌人还没弄清是怎么回事，就有可能被击倒。

木棒战车看起来很神奇，但没有达到达·芬奇的要求。于是，他又设计出了新的战车，这种战车改用机械作动力，并装有大炮。关于这种战车，达·芬奇曾做过如下游说："你将要制造一种密封式的安全车辆，它能轻而易举地冲进敌群中，用火炮把所有的敌人消灭，它后面的步兵可以毫无困难和危险地前进。"

达·芬奇的设计与今天的坦克很相近，甚至比早期的坦克还完美。然而，由于军事家们对达·芬奇不屑一顾，认为他仅仅是一位艺术大师，所以，达·芬奇的新型战车一直未能从图纸上走进战场。有军事史学家甚至认为，当

图36

初如果有哪一位军事家采纳达·芬奇的战车（图36），说不定达·芬奇将成为现代坦克的发明人，然而，直到最终，达·芬奇的战车仍然仅仅被人们当作一幅画来欣赏。

坦克的再生之父

　　正当英国国防部为坦克是否停止生产，坦克有没有发展前途争论不休的时候，英军"机枪兵团重火器部"参谋长富勒中校提出了与众不同的观点。

　　富勒认为，尽管初期参战的坦克（图37）有许多不足之处，然而，它仍是一种很有发展前途的武器，坦克之所以不尽如人意，除了它本身的缺

图37

陷外，还有指挥上的问题。富勒指出，初期使用坦克时，指挥官们甚至还不会使用它，坦克参战都是零星出动的，而且步兵也没有与坦克配合好，更为严重的是英军常常错误地将坦克用于连绵大雨之后的沼泽地，坦克在泥泞的沼泽地里行动困难。

　　富勒中校根据自己几次指挥坦克作战的实践总结出坦克作战的四条

理论：

第一，坦克作战要有坚硬的、开阔的、平坦的地形。

第二，坦克作战时，一定要集中一大批坦克，分成几个梯队，分批进行波浪式进攻。而且要对作战行动进行分工：首先是第一梯队冲上去占领阵地；紧接着，第二梯队向纵深发展；最后，第三、第四梯队冲上去扩大战果。

第三，坦克行动时，一定要有步兵随行，配合作战，从而迅速占领和坚守已取得的阵地。

第四，一定要出敌不意，隐蔽出击，造成战争的突然性，使敌人措手不及。

富勒最后坚定地指出：坦克是未来战争中军队所必需的重要武器，不仅应该继续存在下去，而且应该加快发展下去。

富勒提出的这一坦克作战理论是战争史上第一个关于坦克（图38）作战的理论，因而，这一理论在整个英军上下引起了轰动。然而，一些并没有亲身指挥坦克作战的人尽管无法驳倒富勒，但是他们仍坚持取消坦克，认为弗兰德之役已经证明坦克并没有什么实用价值。

好在富勒态度坚决，又有足够的证据，才力挽狂澜，使坦克免于夭折。

图38

不过，不少人仍将信将疑，就连当时的英军司令也不敢贸然肯定，只是含含糊糊地说，看看再说。

面对这一局势，富勒觉得，要说服这些"坦克反对派"，光有一套哪怕天衣无缝的理论也是没有足够说服力的，必须有实际的战争，让胜利的欢呼声堵住这些人的信口雌黄。于是，他不断寻找机会，创造条件，决心组织一次成功的坦克大战。以期证明自己理论的正确，证明坦克是一种克敌制胜的法宝。

机遇从来都是垂青有心人。经过反复比较、论证，富勒发现，德国军队的康布雷防线（图39）是最适宜坦克进攻的理想战场。

图39

康布雷位于法国的北部，地形开阔、平坦，土质也很坚硬。而且，当时正处于深秋，雨水较少，非常适宜坦克展开作战。

经过富勒的强力争取，富勒的司令艾利斯同意集中378辆战斗坦克和98辆辅助坦克（主要用来运输和拖拽铁丝网），编成了3个梯队。不过，富勒和他司令的上级——第3集团军宾将军的批复，也同时给富勒及艾利斯带了个难题：宾将军是一位狂热的骑兵主义支持者，他读完富勒的方案后，决定扩大战役目标，用坦克捅穿德国的整个防线，然后让骑兵穿过穿破口，冲到德军的后方，发挥马刀和长矛的威力，一直打到波罗的海。宾将军同时将4个步兵师和3个骑兵师调给艾利斯，把富勒的短促战术袭击计划变成了战略突破计划。

宾将军的决定一传到富勒手中，立即引起富勒的深深忧虑。因为，富勒毕竟只是一个小小的中校，他根本无法改变集团军司令的作战方案。他唯一能做的是，就是怎样尽可能按照上级的要求，增加成功的可能，减少失败的几率。于是，他和艾利斯司令一起，精心修改原先制定的作战计划。

为了这次进攻能够成功，富勒采取了严格的保密措施，在紧靠英国防线后面的阿夫兰科大森林里集结坦克，并找来许多美术家，在坦克的外面画了很多和树叶一样的图案，把坦克伪装起来。为了不让德国人听到坦克集结时的轰鸣声，英国低飞的飞机不停地在前线上空嗡嗡回旋，以压倒坦克的隆隆声，不要说对面阵地上的德军，就连英军自己，也不知道在树林中还隐藏着那么多的坦克。

1917 年 11 月 20 日上午 6 时 20 分，天刚刚泛出鱼肚白，能见度仅限于 200 码左右，德军军营还沉浸在睡梦之中，英军第一梯队的坦克突然间同时轰鸣起来，沿着夜间用线带标好的车道向德军前沿阵地冲去。

为了顺利地越过德国人已拓宽至 12 英尺的堑壕，富勒早就命令所有的坦克（图 40）上都装载有用链条缠紧的长长柴捆。一遇壕沟，便把它们投在壕沟中，作为临时的便桥。而且，在进攻之前，英军省却了预示进攻的弹幕射击。所以，当英国的坦克轰隆隆来到德军前沿阵地时，在睡梦中被惊醒的德军官兵不知所措，有的放下武器逃跑，有的举手投降，当然，也有拼死反抗的，然而，很快被跟随坦克行进的英军步兵打得死的死、伤的伤，失去了抵抗能力。

图 40

德军的第一道防线很快被英军坦克突破了。

很快，英军第二梯队的坦克（图 41）又隆隆地冲向德军的第二道防线。一见潮水般涌来的英军坦克和随行的步兵，德军第二道防线的守军也都慌

陆地之王战车

图 41

了手脚。原来准备好的战术也用不上了，枪也打不准了，没有多长时间，德军第二道防线又全线瓦解。

紧接着，英军的第三梯队又冲向德军的第三道防线，很快，已被坦克隆隆炮声吓坏了的第三道防线的守军同样被打得溃不成军，扔下守卫的阵地东逃西藏。

夜幕终于降临了，这一天的激战中，英军大胜，以4000人伤亡的代价取得歼敌8000余人、缴获大炮100门的绝对胜利，而且占领了德军纵深10千米的阵地。

这次大捷是英军近一时期少有的成功，为此，伦敦所有的教堂都钟声齐鸣，以庆祝胜利。然而，由于最初制定的方案错误，这一胜利不久就被一次失败所取代：德军迅速从比利时的第4集团军调兵增援，其他后备军也从平静的东方启程前来，而英国却没有新派援军。很快，德军重整旗鼓，于11月30日以密集的兵力夺回了失去的部分土地。到12月3日，德军夺回了他们失去的土地的一半。

12月的前一周，铺天盖地的暴风雪阻止了所有的军事行动。两周来，英军伤亡了4.5万人，德军伤亡的人数大体相当。有1.1万多名德国官兵被俘，有9000名英军官兵被俘。

整个康布雷战役中，英德双方各有胜败。但是，坦克的地位如富勒之愿而得以巩固，一些早先主张停止坦克研制工作的人也不得不承认，坦克在陆战场上具有无与伦比的作用。这之后，不仅英国，其他军事强国也都十分重视着力研究和制造新型坦克，从而使坦克的数量和种类有了突飞猛进的发展。

第一章 坦克史话

旋转炮塔式坦克

法国是继英国之后，世界上第二个研制坦克的国家。尽管英国是世界上第一辆坦克的诞生地，但法国的坦克是独立发展起来的，法国几乎和英国同时发展了世界上的第一批坦克，二者相差不到半年。

法国研制的早期坦克是"施纳德"和"圣沙蒙"突击坦克（图42）。用法国人的话说，"突击坦克是创造性的产物，是新技术的出现和人的聪明才智相结合的产物。"

法国坦克的研制成功，归功于被人们称为"法国坦克之父"的J.E.埃

图42

司丁将军。当时，埃司丁还仅仅只是一名上校，是一名军中科学家和工程师。1915年初，他看到英国人使用的坦克雏形后，敏锐地意识到，法国应该制造出一种装有机枪和火炮的履带式战斗车辆。然而，他这一设想并没有获得上司的许可。不过，他并没有气馁，相反，更加激起了他研制这种武器的决心。经过多次游说，他的设想终于得到法军总司令霞飞将军的支持。1915年12月，埃司丁的设想方案被送到施纳德公司。工程技术人员很快便按照埃司丁的预想研制成功第一辆坦克样车。1916年底，这辆坦克样车装备法军，这就是第一辆"施纳德"坦克（图43）。

图43

不久，由另一家公司——圣沙蒙公司研制成功了又一种坦克——"圣

沙蒙"突击坦克。这两种坦克各自生产了400辆,都在第一次世界大战中发挥了作用,尽管作用不大,但历史影响却无可替代。

第一次世界大战中期,当时负责指挥的埃司丁上校得知英国坦克的发展后,于1916年6月专程访问了英国。在参观了英国的1型坦克后,他与英国人协商,建议两国在坦克制造上加以分工,英国制造重型坦克,法国制造轻型坦克。回国后,埃司丁把自己的想法告诉了雷诺汽车公司的总设计师和总经理路易斯·雷诺。最初,雷诺以"缺乏制造装甲车辆的经验"为由谢绝了埃司丁的建议,但是,埃司丁后来一而再、再而三的努力,终于使雷诺汽车公司接受了设计和生产任务。1916年12月,雷诺公司制成了坦克模型。1917年2~3月间,第一辆样车研制成功。1917年4月9日开始的官方试验更是证明,该公司研制的这种坦克完全达到了埃司丁的要求,很快就定型开始批量生产。1917年9月,首批坦克开出了厂门,并正式定名为"雷诺"FT–17轻型坦克。

"雷诺"FT–17轻型坦克重6.5吨,乘员2人,有4种基本车型,武器为8毫米机枪或37毫米短身管炮,最大速度为8千米/小时,最大行程只有35千米。它参加的第一次战斗是1918年5月31日的雷斯森林防

图44

御战。在这次战斗中,法军出动了21辆"雷诺"FT–17坦克(图44),用作支援步兵作战,取得了很好的战果。1918年6月4日,法军使用2个坦克营共80辆坦克,在巴黎东北的维雷科特雷地区,以连排为单位配属步兵,向德军实施反突袭,此次作战开创了坦克连配合步兵连独立实施协同作战的首次战例。同年7月14日,法军总司令部参谋部作战局正式颁发了《坦克部队战斗条令》,明确规定了坦克的战术技术性能,坦克部队的编成和运用原则,并首次在条令中规定了坦克应密集使用的原则。

第一次世界大战中,"雷诺"FT–17坦克(图45)参加的最重要的战役发生在1918年7月。1918年7月15日至8月4日,协约国军队与德军

在马恩河地区进行了一次有众多坦克参加的大规模战役，德军最高指挥部兴登堡元帅和鲁道夫将军不惜付出巨大代价，准备7月上半月发动进攻，以恢复军队的士气，即使打不赢这场战争，那怕是促使协约国同意对德国签署体面的和约也是好的。基于此，

图45

德国人蛊惑人心地将这场进攻称为"争取和平之役"。德国人企图以3个集团军共48个师的兵力，在长约83千米的地段上突破法军防御，前突到法军背后，随后向巴黎方向进攻。

法军元帅福煦及时觉察到德军的企图，采取了建立纵深梯次配置防御和准备反攻的措施，在受威胁的方向上集结了精锐兵力，增加了炮兵、航空兵的数量，特别是增调了大批装甲兵部队，计划先以顽强的防御疲惫德军，随后转为反攻，把德军赶过马恩河。7月15日，德军发起进攻，突破法军第5、第6集团军的防御，向前推进5～8千米，强渡马恩河。为减少损失，法军主动放弃第一阵地，于16日和17日在第二阵地前阻止了德军的进攻，并将21个坦克营分别配属给步兵师，准备实施反击。7月18日4时35分，法军213辆坦克在炮火掩护下支援第10和第6集团军出其不意地转入反攻。联军在约50千米宽的地段上，集结了25个步兵师和3个骑兵师，另有500辆坦克、213门火炮和约1100架飞机。与其对峙的是德军18个步兵师、918门火炮和约800架飞机。当天，联军突破敌纵深9千米，攻击了别洛—新圣弗龙—绍丹—苏瓦松一线，19日和20日，联军第5、第6集团军的反攻从兰斯至苏瓦松全线展开。这次战役由于有500辆坦克参加，整个战法产生了较大变化，对法国解除德军的威胁起到了极大的作用。这次战斗中，德军损失12万人，联军损失约6万人。

"雷诺"FT-17轻型坦克后来被20多个国家所购买，到第一次世界大战结束时，共生产了3187辆，成为当时世界上装备数量最多、装备国家最多的坦克。

"雷诺"坦克之所以如此受到青睐，最重要的一点便是其采用了旋转

图 46

式炮塔（图46），后来，这一发明成为坦克结构的主流。至于"雷诺"FT-17型坦克上的旋转炮塔究竟是埃司丁将军设想的，还是雷诺公司设计人员设计的，现在已无据可查，然而，这一设想使坦克的作战威力大增，坦克可随时随地迅速转移火力。

有人甚至认为，没有旋转式炮塔，坦克就不能发展到今天，很可能早被淘汰出兵器大家族了。

科西金和 T-34 坦克

提起 T-34 坦克（图47），稍微知道些第二次世界大战战史的人都会知道，它是现代坦克的先驱，在第二次大战中起到了扭转乾坤的关键作用，立下了赫赫战功。不过，尽管人们都知道 T-34 坦克，但很少有人知道他的总设计师——著名的坦克专家米哈伊尔·伊里奇·科西金。

苏联发展坦克走的是一条仿制、改进到自行研制的道路。20 世纪 20 年代初，苏联以仿制和改进西方轻型坦克为主，艰苦摸索了近 10 年。30 年代中期，苏联开始自行研制坦克阶段，并开始发展中型坦克。T-26 轻型坦克是其中的著名坦克，它是以英国维克斯轻型坦克为蓝本，在极其困难的情况下发展起来的，1931 年正式定型，1932 年至 1945 年装备苏军，主要武器

图 47

为 1 门 37 毫米火炮。

1932 年，苏联人制造出第一辆中型坦克样车——T-28 型坦克，该坦克装 1 门 45 毫米火炮和 2 挺机枪，后来又改为 76.2 毫米口径火炮。

米哈伊尔·伊里奇·科西金生于 1898 年，1918 年参加苏联红军，曾参加过苏联国内战争，后来先后在斯维尔德洛夫共产主义大学和列宁格勒工业学院学习。1934 年毕业后，分配在列宁格勒基洛夫工厂设计室担任设计师，从此开始了他的坦克设计生涯。科西金先后参加了 T-29 轮 - 履合 - 式坦克和 T-46-5 中型坦克的研制工作，1937 年初，年仅 37 岁的科西金被任命为哈尔科夫共产国际工厂总设计师，开始领导 A-20 坦克的设计工作。A-20 坦克设计任务书中规定采用轮 - 履合一的设计方案，科西金等专家看了设计书后认为，为完成设计任务书中对新型坦克的要求，应设计成为纯履带式。

科西金等人的建议获得批准，总军事委员会决定，既研制一种轮 - 履合一的 A-20 坦克，同时研制纯履带式的中型坦克，这种坦克被命名为 T-34 中型坦克。

1939 年初，A-20 和 T-32 坦克（图 48）的样本初步建成，并向总军事委员会领导人作汇报表演，总部领导人对 T-32 坦克的性能大为赞赏，并提出加大 T-32 坦克装甲厚厦、增强火炮威力的建议，于是，科西金一头扎进改进工作之中。

图 48

陆地之王战车

图 49

由于战争的乌云已经笼罩着欧亚大陆，于是，科西金和他的设计组夜以继日地拼命工作。经过近一年的紧张努力，1940 年 1 月，第 1 批 T-32 的改进型坦克——T-34 坦克（图 49）从共产国际工厂生产出来，经过长距离行驶试验，取得了满意的结果。

T-34 坦克建成了，日夜操劳的科西金却因肺炎于 1940 年初住进了医院。然而，由于长时间过度操劳，科西金的身体受到了严重的损害，医院竭尽全力也未能挽回科西金的生命。1940 年 9 月 26 日，年仅 42 岁的科西金不幸去世。

科西金逝世后，被追授"苏联国家奖金获得者"称号，获红军勋章。他未完成的事业由他的助手莫洛佐夫接替。1940 年 6 月，T-34 坦克的全套图纸全部完成，开始批量生产，到 1941 年 6 月德国入侵前，苏联共生产了 1225 辆 T-34 中型坦克。

T-34 坦克有许多型号，其中 T-34-76 和 T-34-85 中型坦克是两种最重要的型号。

T-34-76 坦克战斗全重 26.3 吨，乘员 4 人，装一门 76.2 毫米加农炮，弹药基数 100 发，辅助武器为 2 挺 7.62 毫米机枪，动力装置为著名的 B-2 坦克柴油机，最大功率 500 马力（368 千瓦），车体正面的装甲厚度为 45 毫米，炮塔正面为 52 毫米，最大车速 55 千米 / 时，最大行程为 300 千米。

T-34-85 坦克在 1943 年秋装备苏军，它换装了 85 毫米坦克炮，加强了装甲防护，增加了车长指挥塔，改用 5 速变速箱，增大了柴油箱容积。它的战斗全重为 32 吨，乘员 5 人，它的 85 毫米坦克炮可在 1000 米距离上击穿具有 100 毫米厚的德军重型坦克的装甲。无论从性能上看还是从外观上看，T-34-85 坦克都已经具备现代坦克的特征，从而使 T-34 坦克在坦克发展史上占有重要地位。

T-34 坦克总产量达 5000 多辆，是第二次世界大战中产量最多的一种。它几乎参与了苏德战争期间所有的坦克战，立下了卓越的功勋，连德军将

图 50

领都认为 T-34 坦克"远远优于德军任何一种型号的战斗坦克"，后来，德国还模仿 T-34 坦克研制出"黑豹"战斗坦克（图 50）。

坦克喷火的秘密

　　在战场上，我们常常可以见到一种能喷火的坦克，这种喷火坦克喷出的火柱温度高达 800℃ ~ 1100℃，可以烧毁敌人的碉堡、堑壕、建筑物、装甲车或坦克，人们又称它为"霹雳火神"。

　　喷火坦克其实并不神秘，它实际上就是装有能喷出高温火焰喷射器的坦克。它的车体和一般坦克差不多，分为两种类型：一种是无制式火炮的喷火坦克（图 51），用喷火器代替火炮安装在炮塔上；另一种喷火坦克是喷火和发射火炮两用的坦克，喷火器就安在车体内，或在炮塔内与火炮并列。后一种喷火坦克与一般坦克在外表上没有什么区别，它上面装有一般

图 51

坦克上的火炮，喷火器在喷火时才显露出来。在喷火的同时（或喷火后），这种坦克还能进行火炮射击，支援步兵冲锋。

喷火坦克喷火器的燃料可以装在车体内，也可以装在特种挂车上。美国 M67A1 式喷火坦克是在 M48A2 式坦克的基础上改装的，就是把一具 M7-6 式坦克喷火器代替火炮安装在炮塔内制成的。在野战情况下，它可以在极短时间内卸下喷火器，安装标准的火炮。M67A1 式喷火坦克装的燃烧油量 1324 升，喷火器喷射距离 230～270 米，喷火持续时间为 61 秒，通常以点射方式喷射，每次点射时间为 10～20 秒。

作为喷火器与坦克相结合的产物，喷火坦克的设想萌芽于一战期间。一战前夕，德国最先研制成功便携式喷火器，并在一战中使用这种喷火器对付英军的坦克，取得了一定战果。然而，这种便携式喷火器的缺点也是明显的，它存在喷火作用距离近、威力小、携带喷火油料十分有限、喷火持续时间短、喷火兵缺少有效防护而战场生存力差等多方面的缺点。当时，就有一些兵器专家将目光投向了刚刚问世不久的坦克上。

想象的翅膀一旦翱翔，成功就不会太遥远了。很快，兵器专家们就把重型喷火器装到了坦克上，这样，喷火器携带的喷火油料大幅度增加，喷火量和喷火距离大大提高，喷火兵的防护问题也迎刃而解。

喷火坦克的作战用途也是极其明显的。进攻时，喷火坦克可用于为部队开辟通路，扫除进攻途中的火力点；防守时，可为前沿防守部队设置层层火障，对付突击的步兵，常能起到一夫当关、万夫莫开的作用。

最早的喷火坦克诞生于美国。美国人在 1918 年刚刚发展坦克不久，就生产过一种重 50 吨的喷火坦克（图

图 52

第一章 坦克史话

52），该坦克以蒸汽机为动力，圆锥形炮塔不大，小的箱形指挥塔安装在车体尾部，喷火器安装在坦克的前装甲板上，车体两侧的突台上各装有 2 挺机枪，在驾驶室的上面装设了喷火器。

不过，美国人最早生产了喷火坦克，却没有最先在战场上使用它。最早使用喷火坦克的国家是意大利。在 1935 ~ 1936 年的埃塞俄比亚战争中，意大利在战场上使用了 CV-33 喷火坦克。

喷火坦克一在战场上使用，就显示出其卓越的性能，很快，不少国家都广泛使用这种武器。在 1939 年的哈拉哈河战斗和 1939 ~ 1940 年的苏芬战争中，苏联的 TO-26 和 T-130 型喷火坦克大显神威（图 53）。

德国的实用型喷火坦克是 20 世纪 30 年代在 PZKPFWLA 轻型坦克的基础上研制成功的，该喷火坦克去掉了炮塔上的右机枪，安装了 1 具 40 式喷火器，车体内装有油料容器和压缩空气瓶，喷火距离 25 米。德国还用

图 53

PZKPFW Ⅱ坦克底盘改装成喷火坦克，能喷射 80 次，每次持续 2 ~ 3 秒钟，喷射距离 38 米。

第二次世界大战期间，英国、德国、意大利都广泛在战场上使用喷火坦克。英国的"鳄鱼"式喷火坦克、德国的 S-122 型喷火坦克、意大利的 M-35 型喷火坦克都在战场上作过出色的表演。

战后，喷火坦克在局部战场上仍得到广泛的应用，特别是在 20 世纪 60 年代的越南战争中，美国喷火坦克多次为非作歹，给越南人民造成了巨大的损失。一次，曾多次成功地用单兵便携式火焰喷射器伏击过美国坦克的越南游击队员，在一次拦击和堵截向顺化郊区挺进的美军时，就遇到了美国喷火坦克，吃了败仗。那天早晨，越南游击队员听到远处传来隆隆的马达声，随即进入伏击阵地，携带火焰喷火器的喷火兵和以往一样，集中到伏击地点待命。这时，空中飞来几架美军直升机，转了几圈就飞走了，不一会，神气活现的美军坦克开来了，后面还跟着庞大的装甲运兵车队。

图 54

随着距离越来越近，双方的火炮、机枪和步枪相继开火了，越军的 3 名喷火兵在机枪的掩护下以倒三角形前进，前面两人各背一具喷火器，后面一名士兵背着冲锋枪。按照事先商定的计划，两名喷火兵在距装甲运兵车 40～50 米距离进行交叉喷火，而冲锋枪手除了负责替换负伤的喷火手外，还要对可能从装甲运兵车出来的步兵进行射击。

就在越军喷火兵进入预定区域时，美军的坦克和装甲运兵车（图 54）一反常规，它不是慌忙逃窜，反而慢慢地停了下来。越南喷火兵心中暗喜，以为这是出击的最好机会，遂快速匍匐前进，寻找最佳进攻地点。然而，就在他们解脱喷火器的保险，准备再接近一些进行卧姿喷火的时候，敌坦克突然轰隆、轰隆地响了起来，只见一条灼热的火柱朝越南喷火兵喷了过来，3 名越南士兵顷刻间全被烈焰吞噬，坦克车前 200 米范围内成了一片火的海洋。这真是冤家路窄，小巫遇见了大巫。原来，美军在这次战斗中出动了 M67 喷火坦克。

美国在战后还研制了一种与喷火坦克一同作战的装甲车自行喷火器，这种装甲车自行喷火器由美国 M113（图 55）装甲运兵车演变而来，取名为 M132 自行喷火器，它的喷火器装在与机枪相近的位置上，而油料桶和压缩空气瓶都装在车内货舱里。

图 55

或许有人问，既然有了喷火坦克，为什么还要研制生产装甲自行喷火器呢？这个问题提得好，很值得问。原来，喷火坦克由主战坦克改装而成，体重大，机动性差，大多无法在水陆两栖行走。而装甲自行喷火器继承了装甲运兵车的优点，机动灵活，既能水陆两栖作战，又可以乘坐飞机空运。

喷火坦克和装甲自行火炮还在发展之中。

坦克的伴侣

在现代陆战场上，除了坦克、自行火炮外，还有一种外型与坦克和自行火炮相近，但没有或极少有大型作战武器的装甲战斗输送车辆，它就是装甲输送车和在其基础上发展起来的步兵战车。

在装甲输送车诞生之前的陆战场上，步兵需要坦克的强大火力和突击力，而坦克也需要步兵掩护。然而，步兵和坦克又无法同步行动，士兵的两条腿根本无法与坦克的履带和车轮相比较，坦克空间又小，步兵无法搭乘坦克，同样，步兵增援兵力和为前线运输枪支弹药的车辆也难于通过战场上的枪林弹雨。所以，坦克诞生不久，兵器科学家就设想建造一种既具有装甲防护，又快速机动，而且以运送步兵为主的装甲输送车。1917年9月，全世界最早的装甲输送车在英国诞生，它主要用于输送人员，有时也可用于输送作战物资，必要时还可以参加战斗。

英国人研制的最早的装甲输送车分履带式和轮式两种，是在过顶履带式菱形坦克的基础上改型设计而成，称为马克Ⅳ型，该车乘员4人，另可乘载50名人员或10吨物资，不载物资时车辆全重37吨。

马克Ⅳ型体积太庞大了，在战场上使用时，常受道路和桥梁的限制，行动不便。所以，英国人于1918年研制出马克Ⅴ型步兵输送车的试验车型，该车以滑动门代替了车侧的炮座，该车可乘载25人，分两个舱室，安装有自救横梁，分雌雄两种车型。

为了能安全地向战场运送弹药，1921年，英国人又发展了一种履带式装甲弹药输送车（图56）。这之前，

图56

图 57

向战场上运送弹药多由马车完成，然而，拉车的马在穿越枪林弹雨时极不安全。1939 年，英国人又在卡登—洛伊德 VI 超轻型坦克（图 57）的基础上发展了两种支援武器运载车，其中，运载机枪的称维克斯机枪运载车，可运载迫击炮的称斯托克斯迫击炮运载车。这种卡登——洛伊德多用途输送车在二战中被广泛使用，总生产 84 000 多辆，在一些国家甚至使用到 50 年代，对世界上许多国家装甲战车的发展产生了深远的影响，成为装甲输送车史上的一代名车。其战斗全重 4.013 吨，乘员 4 ~ 5 人，车长 3.75 米，宽 2.10 米，高 1.60 米，装备 1 挺布伦轻机枪或 1 支"博伊斯"反坦克枪，最大行驶速度 51 千米 / 小时，行程 256 千米，通过垂直墙高 0.711 米，越壕宽 1.6 米，爬坡 31°。

美国是研制装甲输送车较早的国家，第一次世界大战结束后，美国和德国研制成功了 M2 半履带式装甲输送车，这种半履带式装甲输送车在第二次世界大战中获得广泛的使用，总产量达 41 170 辆，是第二次世界大战中生产数量最多的装甲输送车。1944 年，美国又在 M5 基础上改装成功 T-29 式装甲运兵车。战后，美国还建成了最有名的 M113 履带装甲输送车，世界上大约有 36 个国家使用过这种装甲输送车，该车车体两侧装甲板呈垂直形，是盒形车体，车前的甲板是坡度很陡的斜甲板，车后甲板可作下车用的跳板，甲板上还有一扇单门，步兵的座椅位于车的两侧，每侧对面可坐 5 人，车体后顶装甲板上有一大圆盖，盖上有 3 个射击孔，供乘员从车里用他们手中的武器向外射击。车长位置位于车体中央，在旋转的指挥塔上装有一挺口径为 12.7 毫米机枪，驾驶员位于车体前部左侧。

法国最早的装甲输送车是 1918 年生产的"施纳德"补给坦克，这种补给坦克是在原"施纳德"坦克上取消了武器，在原 75 毫米火炮位置上开了个车门，车体前部缩小而成，主要作为补给品供应车。1918 年，法国还生产了一种"圣沙蒙"补给坦克。20 世纪 20 年代末，法国引进英国生产的卡登－洛伊德装甲输送车，并在其基础上研制成"雷诺"UE补品输送车，该车1931年装备法军，服役到1940年，该车重2吨，乘员2人，车长2.69米，车宽1.7米，车高1.04米，最大公路行驶速度29千米/小时，最大行程96.5千米，通过垂直墙高0.4米，越壕沟宽1.22米，爬坡22°。由于这种车辆的车身较小，只能装载0.5吨重的物资，故通常还为其配备1个能装载0.5吨重物品的拖车。

图58

德国装甲输送车(图58)诞生较晚，一战期间，比利时和英国装甲部队对德作战成功，使德国人体验到装甲战车在战场上的价值。第一次世界大战之后，德国在研制生产坦克的同时，大力研制与其伴行的装甲输送车。1934年，德国第一种装甲车SOKJFZ13研制成功。这之后，德国装甲输送车生产飞速发展，诞生了不少新车型，其中，SOKJFZ251装甲人员输送车较为独特，是一种四分之三履带式车辆

图59

（图59），即履带部分占车辆全长的四分之三。该车的行动部分，前部是可转向的2个车轮，后部是履带。它的负重轮采取交错式重叠排列。该车重9.25吨，乘员2人，可乘载10人，车长5.8米，车宽2.1米，车高1.75米，最大公路行驶速度55千米/小时，最大行程320千米，可通过垂直墙高0.3米，越沟宽2米，爬坡24°。该车装备德军后，很快就参加了1939年8月的德军入侵波兰的战斗。由于这种车能执行各种任务，此后便广泛用于各个战场，几乎参加了二战中德军的每一次军事行动。

20世纪50年代，随着步坦协同作战理论与实践的深入发展，为了增强对付敌步兵反坦克武器的能力，提高部队的进攻速度，有些国家开始研制既可用于输送步兵，又能供步兵乘车战斗的新型装甲战斗车辆——

陆地之王战车

步兵战车。

　　世界上最早研制成功的步兵战车是法国的 AMX-VCI 型步兵战车，1954年，法国利用 AMX-13 轻型坦克底盘研制了一种新型"装甲输送车"，并于 1956 年装备部队。这辆"装甲输送车"实际上就是现代步兵战车的雏形，是最早的步兵战车，其载员舱两侧及后车门上开有射击孔，步兵面向外坐，可乘车射击，因此该车为步兵战车作战创造了一定的条件。后来，该车正式更名为步兵战车。

　　苏联步兵战车研制工作较早。BMII 步兵战车 1967 年开始装备部队。1970 年装备的 BMII-1 步兵战车是苏联建造数量最多的一种步兵战车。该车重 13 吨，乘员 3 人，载员 8 人，水陆两用，有一门 73 毫米滑膛炮，一个"萨格尔"导弹发射具，舱内有 8 个球型射击孔，士兵可在车内瞄准射击。

　　为了对付日益严重的空中威胁，苏联在 BMII-1 的基础上研制成功

图 60

BMII-2，以 30 毫米机关炮代替了 73 毫米滑膛炮，既能打地面目标，又能打飞机，这种更换显然是为了对付日益严重的空中威胁。反坦克导弹也由 AT-3"萨格尔"（图 60）换成了 AT-5"拱肩"，炮塔则由单人炮塔改成双人炮塔，载员舱缩小到容纳 6 名士兵。

　　美国装备步兵战车较晚，到 1981 年才开始大量装备一种新型的步兵战车——M2，该车重 22 吨，装一门 25 毫米口径主炮，7 枚"陶"式或"龙"式反坦克导弹，乘员 3 人，载员 6 人，是当时最先进的步兵战车。

Part 2

主 战 坦 克

在众多坦克中，有一个分支，那就是主战坦克，它是20世纪60年代后出现的新型战斗坦克。主战坦克是装有大威力火炮、具有高度越野机动性和装甲防护力的履带式装甲战斗车辆，主要用于与敌方坦克和其他装甲车辆作战，也可以摧毁反坦克武器、野战工事、歼灭有生力量。主战坦克出现后，在现代战争中的到了广泛的应用。主战坦克随着战争地位的升高出现了许多新的类型。英国奇伏坦900主战坦克、美国M48系列主战坦克、日本90式主战坦克和我国98式主战坦克都是世界著名的先进主战坦克。

AMX-30B2 主力坦克

　　该种坦克原产于法国，准载 3 人，战斗重量为 3600 千克，于 1967 年进入法国陆军服役，目前在下列各国服役：智利（21 辆 AMX-30）（图61）、塞浦路斯（50 辆 AMX-30B2）、法国（1084 辆 AMX-30，大多数已据升至 AMX-3082，再加新造 27l 辆 AMX-30B）、希腊（190 辆 AMX-30）、卡塔尔（24 辆 AMX-30S）、沙特阿拉伯（290 辆 AMX-30S）、西班牙（335 辆 AMX-30）、阿拉伯联合酋长国（64 辆 AMX-30）、委内瑞拉（81辆 AMX-30）。

图 61

　　第二次世界大战后，法国快速地发展了 3 种坦克，分别是 AMX-13 轻型坦克、庞阿德（Panharrd）EBR 8×8 重型装甲车和 AMX-50 重型坦克。AMX-50 是一种十分有趣的车辆，其车体和承载悬吊系统均和德国五号豹式坦克（PzKpfw V Panther）非常相似，五号坦克在战后几年的时间中有少数在法国陆军中服役。AMX-50 采用具有摆动式炮塔，这是采自 AMX-13坦克的设计，最初的 AMX-50 有 1 门 90 毫米主炮，随后改为 100 毫米，最后又改为 120 毫米。曾有一度 AMX-50 要大量生产，但是由于在美国军事援助计划（MAP）之下有大量的美制 M-47 坦克可用，故整个计划被取消。1956 年，法国、原联邦德国和意大利为了在 20 世纪 60 年代建造全新的主力坦克而提出需求。其基本设想是：法德各自在相同的一般规格下各自设计坦克，然后一起接受评估，最佳的坦克在两国生产，最后 3 国都采用。但是此计划如同许多国际坦克计划一样徒劳无功。法国以自己的 AMX-30

图 62

进入批量生产，原联邦德国则采用了豹Ⅰ式。AMX-30是在罗讷省（Roanne）的制造厂制造的，这是法国政府在法境所设立的唯一主要坦克工厂。第 1 辆批量型 AMX-30（图 62）在 1966 年完成，并于次年进入法国陆军服役以取代美制 M470。AMX-30 是铸造和焊接结构，但是其炮塔是全铸造。驾驶员乘坐在车体的左前部，其他 3 名乘员则在炮塔内。车长和炮手在炮塔内的右侧，装填手则在左侧。引擎和变速装置在车体后部，在 1 小时之内可以完整地自车体移出。承载系统是扭力杆式，包含 5 个路轮、传动轮后置、惰轮前置，并有 5 个顶支轮，这些支撑着履带的内侧。AMX-30（图 63）的主要武装是 1 门法国设计制造的 105 毫米炮，可以举升仰角 20°，

图 63

俯角负 8°，并可 360° 回转，举升和旋转皆以动力操作。1 挺 12.7 毫米机枪或 1 门 20 毫米机关炮置于主炮左侧，这种安排十分特殊，因为它可以独立举升至 40°，以便攻击低速飞行的飞机和直升机，装置于车长指挥塔的 7.62 毫米机枪可以直接在炮塔内部瞄准射

击。两具烟幕放射器则置于炮塔的两侧。AMX-30 共携行 47 发 105 毫米坦克炮弹、500 发 20 毫米机关炮弹和 2050 发 7.62 毫米机枪弹。它的 105 毫米坦克主炮可以发射 6 种弹药：翼稳脱壳穿甲弹、高爆战防弹、高爆弹、烟幕弹、照明弹和练习弹。高爆战防弹全重 22 千克，炮口初速达 1000 米/秒，可以在 0° 射角时贯穿 360 毫米的装甲。其他的高爆战防弹自坦克线膛炮射出后在飞行中会快速旋转，但法制的高爆战防弹其锥形装药安装于轴承内，所以当外弹体快速旋转时，装药本身旋转得十分慢。在 1980 年一种翼稳脱壳穿甲弹进入量产，此弹可以在 5000 米的距离以 60° 射角贯穿 50 毫米的装甲。AMX-30 可以在无任何准备下涉渡最深达 2 米的溪流。1 种呼吸管可以安放在装填手的舱门，这可以使 AMX-30 涉水达 4 米深。AMX-30 装置了红外线驾驶装备，车长的指挥塔有红外线搜索灯，同型的另外一具则安装在主炮左侧。核生化系统是 AMX-30 的制式配备。最新式的量产型 AMX-30 是 AMX-30B2，它在很多方面已有改良，包括大幅改良的射控系统。针对出口的需要，出口型 AMX-30 并无配备核生化系统和夜视系统，且只有 1 具较为简化的指挥塔。AMX-30 有一型是特别为沙特阿拉伯所设计的，已获悉是 AMX-30S。它具有激光测距仪、防沙盖和改良的变速装置。AMX-30 有许多实验性车种，AMX-30D 是装甲救济车，共有 4 名乘员（车长、驾驶员和 2 名机械士），它的装备包括了在车体前方的推土铲，1 具起重机（液压操作）和 2 具绞盘，1 具可负重 35 000 千克，另外 1 具则可负重 4000 千克。它的武装是 1 挺安装在指挥塔上的 7.62 毫米机枪和烟幕放射器。AMX-30 架桥车则携行 1 座剪式桥，该桥伸展开时可以成为一条长达 20 米的通道。其乘员则为 3 名（车长、架桥手和驾驶员）。

AMX-30 亦被改造成能携带并发射法国所设计的冥王（Pluton）战术核导弹。该型导弹可以举升发射，其射程最远可达 100 千米。目前该型导弹已取代美国的诚实约翰（Honest John）导弹在法国陆军中服役。还有一种为沙特阿拉伯所设计的防空炮车（图 64），

图 64

图 65

它是以两挺 30 毫米加农炮和全天候射控系统武装。该型防空炮车尚未为法国陆军所采用，因为法国陆军已经采用了具有相似炮塔的 AMX-13 防空炮车（图 65）。另一种衍生型是 155 毫米 GCT 自行火炮。沙特阿拉伯也订购了一种称作 Shahine 的防空导弹，是依目前在法国空军和许多其他国家服役中的响尾蛇（Crotale）导弹系统所发展而来的。一辆 AMX-30 共有 6 具导弹发射座和同数的发射雷达，但另一辆则配备搜索和监视雷达。法国陆军对其进行改良 AMX-30 以便携行罗兰（Roland）反坦克导弹系统，其中两枚是固定在备便发射的发射架上，其他 8 枚导弹则储放在车体中。德国和法国在之前已合作设计出在气候佳的情形下才能发射的罗兰 I 型和稍后可以全天候操作的罗兰 II 型。AMX-30 在外销上已有相当的成绩，但并不如预期的成功。后来为针对外销所发展的车型是 AMX-32 型，它是具有和 AMX-30 同型的 105 毫米主炮的升级车种，另一种外销车型则是 AMX-40。但是，上述两种坦克均未能吸引任何订单，而法国主力坦克的发展目前集中在雷克勒（Leclerc）坦克上。

冷战结束后，在西方国家军备减缩的政策改变下，法国政府在 1991 年 8 月取消了将 90 辆 AMX-30 提升至 AMX-30B2 标准的计划，AMX-30 坦克将在不改良的情形下继续在法国陆军服役，直至 20 世纪 90 年代后，由雷克勒主力坦克取代为止。

雷克勒主力坦克

雷克勒主力坦克原产国为法国，乘员 3 名，战斗重量达 53 000 千克，于 1990 年进入批量生产，于 1992 年进入法国陆军服役。

陆地之王战车

在 20 世纪 70 年代晚期，法国和原联邦德国陆军着手第二度合作开发新坦克以取代现有 AMX–30 和豹 I 式主力坦克的计划，在这之前双方欲尝试合作设计的结局是分道扬镳。但是，这一次和所有先前的坦克发展合作计划一样，仍然遭到了失败的命运（1982 年 12 月），于是法国陆军为 90 年代的新式坦克 Engin Principal de combat（EPC）进行设计，计划限定在 1986 年完成，第 1 辆原型车必须于 1989 年底出厂试车。在此之前，这种新坦克已经以第二次世界大战中法军最成功的指挥官之一雷克勒（Leclerc）命名。

雷克勒坦克和其他当代西方坦克在尺寸大小和武装上大致相似，但它的乘员和豹 II 式（德国）、挑战者 II 式（英国）和 M1（美国）不同，它只有 3 名乘员。这归功于以自动装弹机取代第 4 名乘员，这是雷克勒和日本九零式和苏联的 T–64／72／80 相同的地方。

图 66

雷克勒（图 66）的车体和炮塔装甲是锻造钢结构的，并外加单片式的复合式装甲。现代装甲被要求要对动能弹和化学弹具有高阻挡性，但若安装单片装甲可以在坦克使用一段时间之后，因需求更换新式或改良型装甲。原型车的炮塔形状棱角明显。但批量生产的炮塔则突然变成非常长和低的卓越弹道学形状炮塔，这提供了对于激光、机枪，甚至是枪榴弹发射器的防护。

图 67

雷克勒坦克（图 67）的驾驶员乘坐在前斜板后方，在坦克中央线的左侧，驾驶员的右侧有 18 发 120 毫米炮弹。车长则乘坐在炮塔内主炮的左方，右方则是射手。这种安排和大多数其他主力坦克将坦克车车长安排在右方的方式相反。乘员可以借由 1 具复杂

第二章　主战坦克

的、电脑化的战斗管理系统在坦克内控制监看所有坦克的活动，并每隔一段时间或应临时之要求而提供状态报告至较高阶的总部。

雷克勒坦克的主炮是120毫米滑膛炮，它是由GLAT设计制造的。该炮的炮膛和德国、美国的120毫米主炮容量相同，以确保弹药的相容性。但是，雷克勒坦克的炮膛较长（52倍径，不同于后两者的44倍径），这使得弹体压缩出较高的炮口初速，特别是翼稳脱壳穿甲弹。该炮有热套筒，且在发射后会自动以压缩空气系统排出硝烟，这取代了装在炮口的排烟器。原型车曲主炮安装了1具炮口参考系统（muzzle reference system），但在量产型上并未发现。

由克罗梭罗尔所制造的自动装弹机装有22发可以立即使用的弹药，这个装弹系统可以分辨出5种不同的炮弹种类，并可依照车长或射手的指令选择适当的炮弹。在装填时，主炮会自动回到 –1.8° 的位置，然后再依照车长或射手的指令举升。此一系统被要求具有每分钟发射15发的射击速率，但是正常时最大射击速率是每分钟12发。这个自动装弹机是安置于长形炮塔的腰部位置，以1个隔墙和战斗舱隔开，车顶的灭火板可以逸散爆炸以保护乘员。

现在雷克勒坦克的主炮有两种主要弹药。翼稳脱壳穿甲弹有钨弹头，

图68

具有达到1750米/秒的炮口初速。而高爆战防弹则具有1100米/秒的炮口初速。

法国人在AMX–30／32和AMX–40（图68）系列坦克上安装了1门可以独立举升的20毫米同轴机关炮。在雷克勒坦克上他们已取消这种独立举升的概念，但是再一次反常地以1挺12.7毫米机枪为同轴武器，因为实际上所有其他的主力坦克均采用7.62毫米口径机枪作为同轴武器。另外1挺7.62毫米机枪则安装在炮塔顶，它有装甲包覆，并且可在坦克内部完全控制。

雷克勒坦克有1具涡轮机械公司（Turbomeca）燃气涡轮引擎，提供坦克在静止时的动力，以便主引擎可以熄火。

豹I式主力坦克

　　豹I式主力坦克（图69）原产国为德国，乘员4名，战斗重量可达42 400千克，于1967年开始进入原联邦德国陆军服役。豹I式亦为下列国家所订购（只有主力坦克型）：澳大利亚（90辆）、比利时（334辆）、加拿大（114辆）、丹麦（120辆）、德国（2437辆）、希腊（106辆）、意大利（920辆）、荷兰（468辆）、挪威（78辆）和土耳其（77辆）。

图69

　　德国的豹I式主力坦克是第二次世界大战后最成功的西方坦克之一，共有大约4800辆主力坦克型和1772辆其他各型为10个国家的陆军所采用。豹I式主力坦克因为被15个北约国家中的9个国家所采用，一度被认为将成为北约的制式坦克。

　　当原联邦德国陆军（Bundeswehr）要换装时，它正装备着美国制造的M47主力坦克，并预想以原联邦德国和法国共同研发计划来替换M47。不幸的是，几乎和每一个主力坦克共同研发计划所发生的情形一样，因存在着不同意见而使得参与研发的国家散伙。法国自行研发了AMX-30型坦克，而原联邦德国也研发出豹I式坦克。1963年，豹I式坦克的量产合同和位于慕尼黑的克劳斯—马费公司（Krauss Maffei）签订，随即在1965年9月运交第1辆量产型豹I式坦克。位于基尔的克鲁伯—马克（Krupp Mak）公司亦生产一些豹I式主力坦克，和大部分的装甲工程车、架桥车和救济车。生产线本已于1979年底结束，但因希腊和土耳其的新订单又重开生产线。第3条生产线系由意大利的奥托美拉（OTO Melara）公司所设立，以提供

图 70

意大利陆军大部分订单的需求。

豹Ⅰ式坦克（图70）共有4名乘员。驾驶员乘坐在车体右前部，而其他3名乘员则乘坐于炮塔中。豹Ⅰ式坦克各型所使用的主要武装是1门由皇家兵工厂位于英格兰诺丁汉的工厂所生产的英制L7A3坦克炮。豹Ⅰ式坦克共携行55发105毫米弹药，其中13发置于炮塔，另外42发置于车体中。豹Ⅰ式共有2挺由莱茵金属公司（Rhinemetall）所生产的MG3型7.62毫米机枪，其中1挺和主炮同轴，另1挺则固定于炮塔顶。

豹Ⅰ式的制式配备包括了夜视装备、核生化系统和乘员暖气设备，并可以用最少的装备——以一支装于车长顶盖上的短呼吸管涉水达2.25米，而用长呼吸管则可涉水达4米，但是这种装备很少使用，因为除了在最不寻常的环境下，渡河多是采用桥梁或渡船。

首先量产的4批1845辆的豹Ⅰ式坦克（图71）是为原联邦德国陆军所制造。后来该批坦克改良安装主炮热套筒、1具火炮安定系统、新式履带和装甲衬裙，成为豹Ⅰ式A1型。这些坦克后来又更进一步在炮塔上安装镶嵌装装甲和火炮弹盾，而改良成我们所熟知的豹ⅠA1A1型。

第5批量产共包括342辆战车，其中的232辆是以豹Ⅰ式A1型为标准，再以强化的炮塔、更佳的核生化系统及车长和驾驶员所使用的被动影像影

图 71

化（Ⅱ）仪器，该车定名为豹Ⅰ式A2型。另外的第5批量产的110辆坦克则是豹Ⅰ式A1型和A2型两者的全面改良，它加上了豹Ⅰ式A1A1型的装甲，命名为豹Ⅰ式A3型。

最后一批量产型是为德国陆军制造的250辆豹Ⅰ式A4型，它是以豹

Ⅰ式 A3 型为基础，再加装整合射控系统。现在正在着手进行的是针对现存坦克的转换计划，预备加装 1 具新式射控系统、1 具热影像仪，更多的镶嵌式装甲和其他防护设计。德国陆军坦克中的 1300 辆已经完成改良，经改良完成的坦克命名为豹Ⅰ式 A5 型。

豹Ⅰ式坦克的各型会在需要时改良，并持续在德国陆军服役至进入 21 世纪。两种豹Ⅰ式坦克本来于 20 世纪 80 年代晚期要换装莱茵金属公司的 120 毫米滑膛炮，但因为测试结果不令人满意而告终止。

如上所述，豹Ⅰ式主力坦克已经在海外市场上证实成功。其中最辉煌的例子是澳大利亚陆军订购了 90 辆的豹Ⅰ式 A3 型，改命名为豹Ⅰ式 ASI 型，于 1976 和 1978 年运交。这不只是唯一来自远东的客户，而且是唯一来自非北约国家的订单。

豹Ⅱ式主力坦克

豹Ⅱ式主力坦克原产国为德国，可乘人员 4 名，战斗重量为 55 150 千克，于 1980 年进入原联邦德国陆军服役，已为下列国家订购：德国（1 800 辆）、荷兰（445 辆）和瑞士（380 辆）。

豹Ⅱ式主力坦克的发展可以追溯至一项由 20 世纪 60 年代开始的计划，当时联邦德国和美国尚致力于 MBT–70（图 72）计划，故此计划的优先顺序很低。当 MBT–70 计划于 1970 年 1 月取消后，德国人于是积极推动豹Ⅱ式坦克计划，并于 1974 年制造了 17 辆原型车。这些原型车是由豹Ⅰ式坦克的制造商——位于慕尼黑的克劳斯 –

图 72

图 73

马费公司和许多其他原联邦德国公司的协助下制造的。无可置疑，豹Ⅱ式坦克是世界上最先进的坦克之一，而德国人也在坦克设计的 3 个领域：机动力、火力和装甲防护上获得高度成功。在过去，大多数坦克只能在这些领域上同时兼顾其中之二，英国的酋长式（Chieftain）坦克（图 73）就是一个良好的例子，它具有卓越的火炮和优秀的装甲，但在机动力上就表现得贫弱。AMX-30 坦克则是这种问题的另一端，它具有良好的机动力和适当的火炮，但它的装甲就薄多了。豹Ⅱ式坦克的内部配置仍沿袭传统，驾驶员乘坐于前部，车长、射手和装填手则在炮塔中央部分，引擎和变速箱则置于后部。豹Ⅱ式坦克引擎的发展事实上源于 MBT-70 计划。整个动力装置组合可以在大约 15 分钟以内移出以便修护或更换。最初，豹Ⅱ式坦克的装甲是间隙装甲的说法让大家深信不疑，但迟至 1976 年才知道它的装甲是英国发展的周伯罕（chobham）装甲，这种装甲提供它对各种已知投射武器越群的防护力。周伯罕装甲是叠层式，包括了许多钢和陶瓷夹层。豹Ⅱ式坦克的承载系统具有制动器的扭力杆式，它共有 7 组路轮，传动轮后置、惰轮前置，并具有 4 组顶支轮。豹Ⅱ式坦克的第 1 辆原型车配备由莱茵金属公司所发展的 105 毫米滑膛炮，稍后的原型车改以 120 毫米滑膛炮武装。该炮可以发射两种基本型尾翼稳定弹药（这种炮弹在离开炮管时会打开位在弹身后方的小翼），而这意味着炮管不需要刻膛线。它的战防弹是穿甲脱套弹式，具有超过 2200 米的优秀有效射程。在这个射程之内，它可以贯穿北约制式重坦克标靶。第 2 种弹药也是尾翼稳定式的，它是针对战场上的防御工事和其他战场目标而设计的。弹筒是半燃烧性的，只有筒底会留下，这种弹筒是由一般的铁所制造，所以在发射后会留下来。装填手的工作借由辅助液压装填机制来简化。主炮可以举升仰角 +20°，俯角 -9°。一挺制式 7.62 毫米 MG3 机枪（图 74）和主炮同轴安置。另一挺 7.62 毫米 MG3 机枪则安装在装填手位置以供防空用途使用。豹Ⅱ式坦克共携行 42 发 120 毫米炮弹和 2000 发 7.62

图 74

毫米枪弹，在它的炮塔两旁各装设了 8 具烟幕放射器。豹 II 式坦克并装置 1 具非常先进的射控系统，它包括了化合激光和立体测距仪，而且因为火炮十分稳定使得豹 II 式坦克可以在行进中以高命中率进行瞄准和射击。豹 II 式坦克的制式配备包括红外线和被动式夜视装置、核生化系统以及供给至驾驶舱和战斗舱的暖器，它并可在没有任何准备下涉渡 0.8 米的溪流。

豹 II 式坦克已经奠定了令人羡慕的地位，也已经由多国陆军测试过了。美国陆军以一种特殊设计的"豹 II 式阳春型坦克"对美国设计的 XM1 型坦克（图 75）进行评估，这项评估后来由后者取得胜利。在 20 世纪 80 年代末期，英国亦以豹 II 式坦克的另一型（改良型）进行测试。但是，再一次因为英国国产的对手——挑战者二式坦克，而丧失订单。豹 II 式坦克也受到瑞典的测试，因为该国正在寻找取代 S 型坦克的车种。

图 75

最后终于得到了两个外国合同。在 1979 年荷兰陆军订购 445 辆豹 II 式坦克，并于 1982~1986 年间交车；另一份合同则是由瑞士所签订，第 1 批 35 辆豹 II 式坦克是于 1987 年自原联邦德国运交，剩下的 345 辆则在瑞士境内制造，并在 1993 年结束生产线。

豹 II 式坦克并没有任何主要衍生型进入量产，但是曾经生产过一种炮塔位置有特殊驾驶室的驾驶训练车。一种定名为 Bergepanzer 3 的装甲救济车的原型车已经制成并进行测试，但迄今并无任何订单。

驰车式主力坦克 ▶ ▶ ▷

　　驰车式主力坦克原产国为以色列，战斗重量可达 60 000 千克。自 1949 年以色列成立以来，该国陆军已拥有比其他国家更多的装甲战经验。以色列的装甲部队受客观条件影响，使得它必须将各种坦克混合使用。它的坦克有些是来自海外，其他则是在它与阿拉伯国家无数次战争中俘获的。因此，在 1991 年服役的外国制坦克可以分为 3 个主要的来源：英国支援的百夫长（Centurion）坦克（1080 辆）、美国支援的 M48A5（550 辆）和 M60（1400 辆），以及俘获自阿拉伯国家的前苏联制坦克 T−54 / T−55（488 辆）和 T−62（110 辆）。

　　以色列开始发展自己的装甲战的指导是基于它本身不断增加的战斗经验，以及快速地整合这些不同的设计成为整体的计划。虽然如此，以色列的目的是要设计自己的坦克，以适应自己的需求。以色列是个小国，其人

图 76

力基础要比各邻邦小得多。以色列经不起巨大的损失，这在 1967 年的战争中变得特别显著，他们必须以提供装甲防护来作为未来任何主力坦克设计的第一优先。这使得火力成为其次，机动力则成为第三。这个结果便是驰车（图 76）的诞生，第 1 辆原型车虽然到 1977 年才公开露面，但 1974 年已完成。第 1 辆量产型于 1979 年拨交以色列陆军，1982 年随即就在黎巴嫩的战斗中出现。随着这些早期的经验，改良型亦发展出来，称作马克二型（图 77），而全部的马克一型也已渐渐提升至马克二型的标准，目前大约 600 辆驰车一、二型坦克在以色列陆军服役。

图 77

现代的主力坦克大多数是采行引擎后置，但驰车式坦克的设计和一般并不相同，引擎和变速箱在坦克的前部。这是为了增加对乘员的防护性，因为以色列陆军宁可为拯救乘员而损失坦克。它的车体是以铸造装甲为外层，以锻造装甲为内层，两层之间则充满了柴油。驾驶员乘坐于车体左前部，引擎在他的右方。驰车式坦克的引擎是采用 1 具德立台大陆 AVDS-1790-6A 引擎，是比美国陆军 M60 坦克所采用的同型马力更为增加的引擎。马克一型采用亚历森（Allison）CD-850-6BX 半自动齿轮箱，但马克二型已改用以色列设计的 Ashot 系统，此一系统的高效率是在爬坡时，使得它的路程可以相当地增加。驰车式坦克的承载系统和路轮和以色列陆军所使用的百夫长坦克相似，具有 6 组路轮，传动轮前置，惰轮则后置。顶支轮和履带上端有由特殊装甲片合成的钢铁覆盖保护承载系统，以防护来自高爆战防弹武器的破坏。

它的炮塔有 1 个十字交错的小区域和 1 个有良好倾斜度的前缘。当坦克在只露出炮塔的情形下，只有相当小的目标投影。在驰车式坦克的炮塔前部和侧面均有特殊装甲层。

车长和射手乘坐于炮塔右侧，装填手坐在左侧。坦克的主炮是以色列自制的 M68 105 毫米炮，是英制 L7 型炮的授权生产型。主炮炮身有热套筒和排烟器，该火炮也装备于以色列的百夫长、M48 和 M60 等主力坦克上，在大部分被以色列俘获的 T-54／T-55 和 T-62 坦克上也安装这种火炮。

驰车式坦克的主炮可以举升仰角 +20°。在引擎舱的右前方有一行车锁闩（travelling lock）。它可以发射所有制式 105 毫米炮弹，亦可以发射由以色列军事工业公司特别开发的 M111 翼稳脱壳穿甲曳光弹（APFSDS-T）和最近开发拥有最大有效射程约 5950 米的 M413 弹。驰车式坦克最少可携行 85 发弹药，明显地超越其他现代主力坦克。

图 78

驰车式坦克有 1 挺同轴机枪和固定在炮塔顶的 2 挺防空机枪（AAMG），这些机枪都是由比利时 FN 厂授权生产。传闻一些驰车式坦克以 1 挺可以遥控的 12.7 毫米机枪取代原有 2 挺防空机枪。驰车式坦克的武装中有一项武器是 60 毫米迫击炮（图 78），它可以在炮塔内装填并发射，它可以发射高爆弹、烟幕弹和照明弹。这种安排的目的在于节省昂贵的 105 毫米炮弹，这也是以色列战斗（图 79）经验的结果。

驰车式坦克将引擎前置，使得坦克后部产生了相当的空间。这些空间一般是用以储存弹药，虽然在需要时驰车式坦克可以携带至 85 发炮弹，但是它一般只携带 62 发。这些空间可以用来容纳步兵和突击队搭乘，但这只有在特殊情形下才会实施。附加的通讯器材亦可取代一些弹药的位置，使坦克成为指挥所。

图 79

1989 年驰车式坦克马克三型问世，该型车已经在以色列陆军服役。马克三型配备了 1 门 120 毫米滑膛炮，可以携带 50 发弹药。1 具自动装弹机

陆地之王战车

（尚未服役）正为配合这种炮发展，这种装弹机是用来协助装填手而不是取代他们。其他的改良包括全电子控制和新式激光测距仪。马克三型的装甲是模组化设计（modular design），不但较马克一型和二型更有效，而且可以在战场中更换。马克三型也采用了 1 具新式承载系统和高速引擎，改良型变速箱整合，以提供绝佳的越野机动力。

C1 白羊式主力坦克

该种坦克原产意大利，战斗重量可达 18 000 千克，自二次大战结束后，意大利陆军多年来一直采用美国制造的主力坦克，他们订购了 M60A1，其中 100 辆是由美国兵工厂提供的，另外 200 辆则由奥托美拉公司在意大利制造。但意大利始终对欧洲制造的坦克有兴趣，并在欧洲坦克计划期间和德法进行接触，但此计划在各国同意生产 AMX-30 和豹 I 式坦克之后散伙。1970 年，意大利陆军自原联邦德国订购了豹 I 式坦克。初期的订单是 200 辆豹 I 式 A1 型主力坦克，由克鲁伯—马克公司在 1971 ~ 1972 年运交，随后又运交了 68 辆装甲救济车（ARV）和 12 辆装甲工程车（图 80）（AEV）。其余的 720 辆主力坦克、68 辆装甲救济车、28 辆装甲工程车和 64 辆装甲架桥车则在授权同意下由奥托美拉制造。

奥托美拉公司和菲亚特公司合作设计出意大利在二次大战后第 1 辆主力坦克 OF-40（O 是指奥托美拉，F 是指菲亚特，40 是代表以吨为单位的约略战斗重量）。这个精巧且看似威力强大的坦克是原创设计，但是在外观上显得类似豹 I 式 A4 型坦克，它是专为外销出口而设计的。

意大利陆军于 1982 年公布新主力坦克的需求，其中的标准之一是必须在意大利生产。设计工作于 1984 年开始，奥托美拉 / Iveeo 菲亚特集团于 1986 年制造并测试第 1 辆原型车，并在 1988 年以前完成 5 辆原型车。C1 坦

图80

克（图81）的战斗重量是 48 000 千克，它装备着 120 毫米滑膛炮，这种坦克炮是由奥托美拉公司在意大利境内设计生产。和其他坦克炮一样，它的炮管安装了炮口参考系统和排烟器，并以热套筒裹覆。它的炮膛和莱茵金属公司的 120 毫米滑膛炮相同，因此可以确定这两种武器可以使用同样的弹药。

图81

它可以发射翼稳脱壳穿甲弹和多用途高爆战防弹（HEAT-MP），也可以发射烟幕弹和照明弹。C1 共可携带 42 发炮弹，其中 15 发置于吊篮（baestle），27 发置于车体。主炮是安放在一个弹盾上，可以举升仰角 +20°，并安装了 1 具双轴稳定系统。此外，还有 8 架烟幕放射器，在炮塔两侧各有 4 架。

　　4 名乘员的位置是沿自传统配置，驾驶员乘坐于前斜板下的车体右前部，其他乘员则在炮塔中，车长和射手在主炮的右方，装填手则在左方。C1 的车体是全焊接钢结构，在车体前部和前斜板有一层"先进装甲"。炮塔是"理想角度"外貌的"理想造型"，而不像一些具有垂直表面的现代坦克（如豹 Ⅱ 式坦克）。炮塔的旋转是液压动方式，并具有手动操作模式备用。

六一式主力坦克

  六一式主力坦克原产日本，乘员 4 名，战斗重量可达 35 000 千克，在外表上，六一式坦克有许多美制 M47 中型坦克的特征，而且日本曾在 20 世纪 50 年代早期对少数该型坦克进行测试。六一式坦克的车体是全焊接结构，但前斜板可以在保养时移去。驾驶员乘坐于车体的右前部。六一式坦克的炮塔是铸造的，车长和射手乘坐在右侧，装填手则在左侧。储弹箱装在炮塔吊篮的后部。引擎和传动系统位于车体后部。日本人一直都对柴油引擎情有独钟，因为柴油引擎比汽油引擎优点多得多，包括低油耗和低易燃性。六一式坦克的引擎是空气冷却和涡轮增压式。它的承载系统是扭力杆式，共具有 6 组路轮，传动轮前置，惰轮后置，并具有 3 组顶支轮。六一式装备着日本自制的 90 毫米炮和 1 挺 7.62 毫米同轴机枪。主炮可以以液压方式举升和旋转，在紧急时也可使用手动控制。1 挺白朗宁（Browning）M2 机枪配置于车长指挥塔，可以在塔内进行瞄准和射击。六一式可以在没有任何准备下涉渡深达 0.99 米，但没有安装呼吸管以进行较深的涉渡。部分六一式坦克曾装有红外线驾驶灯和红外线搜索灯以利夜间行动。相比较于其他 60 年代早期的坦克，如豹 I 式和 AMX-30 坦克，六一式坦克较为逊色。但必须注意的是，六一式坦克是适应日本的坦克（图 82），而不是适应欧洲。六一式坦克的重量和大小是保持能在日本铁路上运输的尺寸以内，日本铁路通常会穿过许多

图 82

图83

狭窄的隧道。六一式坦克有3种基本异名同类型。架桥车被称作六七式装甲架桥车，它具有1座可以在车体前方展开的剪式桥。六七式装甲架桥车重达37 000千克，共有3名乘员。武器包括了1挺7.62毫米机枪。救济车型则被命名为七〇式装甲救济车，这型坦克的炮塔（图83）以1个小型两侧平坦的上层结构取代，并装有1具A字架以吊起坦克的组件。车体前方有1具推土铲。装甲救济车共有3名乘员，且可以载重达35 000千克，它的武器包括了1挺7.62毫米机枪和1挺12.7毫米机枪，以及1门81毫米迫击炮。最后一种异名同类型是命名为六七式的装甲工程车，它重达35 000千克，乘员有4名。

七四式主力坦克原产日本，乘员4名，战斗重量可达3800千克，日本于20世纪60年代早期了解到，在80年代六一式坦克将不符需求，遂于1962年开始着手设计新式主力坦克。第1批2辆原型车命名为STB-1，于1969年底在三菱重工丸子（Maruko）厂完成。后来生产的原型车STB-3和SIB-6则是为量产而制造。在1973年，七四式坦克在三菱重工位于相模原（sagamihara）的新坦克工厂进入批量生产，第1期合同共生产280辆。七四式坦克因为日本政府不外销任何武器的政策，至今未外销。

七四式坦克内部的配置仍依循传统，驾驶员乘坐在车体左前部，其他乘员则乘坐在炮塔内，车长和射手坐在右侧，装填手则坐在左侧。引擎和传动系统在车体后部，承载系统是液压气动式，包括5组路轮，传动轮后置、惰轮前置。七四式坦克没有顶支轮，承载系统可以由驾驶调整以适应行驶的路况。当行驶于多岩石、凹凸不平的地区，承载系统可以调整至最大离地高度，这个高度可以自最少20厘米到最大的65厘米。这种装置提供了坦克战术上的优势：当坦克在反斜面时，承载系统可以前低后高，使主炮可以比一般情形更低，其他现役使用这种承载系统的坦克只有瑞典的S坦克，S坦克因为主炮固定在车体上而必须使用这种承载系统。这种承载系统也使用在美国的T-95坦克和德国／美国合作的MBT-70坦克，但上述两个计划均被取消。七四式坦克（图84）装备着英国的L7型105毫米线膛炮，这

图84

种炮经授权在日本生产，并有1挺7.62毫米机枪同轴配置。主炮可以举升仰角+9°，俯角-12.5°。七四式坦克的射控系统包括了激光测距仪和1具弹道计算机，两者都是日本自行生产的。七四式坦克可以携行大约51发105毫米弹，原型车有1具自动装弹机，但因这台装弹机太贵而在批量生产时取消。炮塔顶上装

图85

有1挺12.7毫米M2防空机枪（图85）。在原型车上该机枪可以在炮塔内瞄准和射击，但是也因为造价昂贵，而在批量生产型上没有采用。炮塔的两侧各装有6具烟幕放射器。七四式坦克有1具红外线驾驶灯，并在主炮左方装有1具红外线搜索灯。七四式

坦克加上呼吸管可以涉渡深达2米，并在没有准备的情形下亦可涉渡深达1米。七四式坦克都配备了核生化系统。在设计七四式坦克时，日本人希望，并且实际做到，能结合当代坦克最优秀的设计，同时将重量限制在38 000千克以内。七四式坦克唯一的异名同类型是七八式装甲救济车，在车体前方有1具液压操作的起重机和1具椎土铲。七八式坦克已经少量生产。七四式坦克的车体亦曾被使用于AW-X双管35毫米自行防空炮车的原型车，该车的批量生产尚未授权。

八八式主力坦克 ▶▶▶

　　该坦克原产韩国，可乘员 4 名，战斗重量可达 51 000 千克，韩国陆军在传统上是使用美制装备，而且其坦克部队装备著 M47 和 M48A5 等的后继型坦克，因此当韩国陆军于 20 世纪 70 年代中期公布邀约新式主力坦克的计划时有些出人意外。这种新型主力坦克系以韩国的规格来设计，目的是要在韩国生产。许多厂商提出了计划，1980 年克莱斯勒防卫公司（Chrysler De-fence，后来的通用动力公司陆上系统部）雀屏中选。两辆命名为 KK-1 的原型车在极秘密的情形下制造出来，并于 1983 年送往美国马里兰州的阿伯丁（Aberdeen）试验场进行测试。1984 年在现代公司（Hyundai）釜山（Changwon）厂开始批量生产，并命名为八八式主力坦克。在 1987 年底公开露面之前，许多坦克营已配备这种新型的主力坦克。韩国陆军的需求据说是大约 800 辆。

　　八八式坦克是传统设计，在车体上易受损的部分装有英国设计美国制造的周伯罕装甲。它共有 4 名乘员，驾驶员乘坐于车体左前部，车长乘坐于炮塔中主炮的右侧，射手则乘坐在他前面下方，装填手则坐在主炮左侧。

图86

　　八八式坦克（图 86）的主炮是 M68A1 105 毫米线膛炮，也是英国设计美国制造的产品。现在西方主力坦克绝大多数是装备 120 毫米炮，但是有点令人讶异的是韩国竟选择采用这种较旧而且口径也较小的武器。不过这种 105 毫米炮已经改良完善，命中率亦很高。而且韩国陆军的 M48A5 亦以相同的火炮武装，国内弹药生产也较便利，可以生产包括翼稳脱壳穿甲弹在内的所有105毫米炮弹。八八式主力坦克迄今还没有提升至120毫米口径火炮（图87）的计划。

图87

八八式主力坦克和一般坦克相同，有1挺7.62毫米同轴机枪，并在炮塔顶装置2挺机枪，射手使用12.7毫米武器，装填手则使用7.62毫米口径。八八式主力坦克也装了12具烟幕放射器。

八八式坦克后置的引擎是德制MTU87l Ka-501引擎，可以输出1200匹马力，提供坦克动力重量比达23.5hp/t。混合式承载系统和现代日本坦克所使用的相类似，中央部分的路轮是扭力杆式，前后路轮则是液压气动式承载系统。和日制坦克一样，八八式坦克的主炮可以举升仰角+20°，俯角-10°。

T-55 主力坦克

T-54于1947年进入苏联陆军服役，T-55则在1960年。苏联共生产超过60 000辆的T-54和T-55，波兰生产2000辆，前捷克斯洛伐克3000辆，其中大约47 280辆仍在很多国家陆军中服役。T-55于1981年终止生产。

苏联、捷克斯洛伐克和波兰已生产了超过65 000辆的T-54和T-55型主力坦克，再加上在中国生产的7000辆五九式，这已经以可观的数量打破了前苏联制造的T-34坦克50 000辆的单位量产数。使得T-54和T-55成为现今最广泛使用的坦克。

第二章 主战坦克

在第二次世界大战期间，苏联陆军主要坦克的设计是T-34，它装配着85毫米炮，已被接受为战争中全世界最优秀的坦克。T-34被发展成T-44，但只生产了少量。T-44只是发展成一种过渡型式，它经大幅改良后于1947年以T-54问世，并成为华沙公约组织的第1种制式主力坦克。T-54装备着D-10T 100毫米炮，它可以发射高爆穿甲弹、高爆战防弹和高爆弹。它可以举升仰角+17°，俯角-4°，这比西方主力坦克的举升范围小得多。T-55的炮塔在形状上是半圆球型，可以提供良好的避弹性。但以西方的标准而言，这使得内部有些拥挤。

图88

T-55（图88）于1960年出现，结合了许多的改良，包括1具功率较大的引擎。它使用相同的100毫米主炮，虽然先前生产的T-55A取消了前机枪的设计，但第1辆量产型仍保留了前机枪。

T-54／T-55（图89）有许多改良型，其复杂的加装计划已由以色列陆军、英国皇家兵工厂和美国德立台大陆公司所承揽，苏联也继续提升服役于陆军的车种，最新一型是T-55AM2B。这型新车有1个新式炮塔，在炮塔和车体均装有镶嵌装甲。它有1具功率较大的新式引擎，大幅改进的电子和观测设备，并采用和T-72相同的履带。

这种新型坦克设计成可以从它的100毫米主炮发射9K116反坦克导引导弹。这种导弹最大射程大约是4023米，使用1具半自动导引系统，所以射手必须注视目标物直至命中为止。导弹的锥形装药弹头直径小，这使得在对付西方采用周伯罕装甲的新式坦克受到了限制，但它对付旧型坦克仍十分有效。

图89

陆地之王战车

T-62 主力坦克

T-62 于 20 世纪 50 年代晚期作为稍早的 T-54 和 T-55 的继承型而发展，并于 1965 年第 1 次公开露面。它在外表上和稍早的 T-54 很相似，但它具有较长也较宽的车体、1 个新式炮塔和 1 门新式主炮，同时也可以从 T-54 的第 1 组路轮和第 2 组路轮间的明显间隙来加以区别，因为 T-62 的路轮间距均相同，而且 T-62 的主炮具有炮膛排烟器。T-62 的车体是全焊接结构，前斜板有 10 厘米厚。炮塔是铸造装甲，厚度从前面的 17 厘米至后面的 6 厘米不等。驾驶员乘坐在车体的左前部，其他 3 名乘员则在炮塔中：车长和射手在左侧，装填手则在右侧。引擎和传动系统是十分可靠的扭力杆式，包括 5 组路轮，惰轮前置，传动轮后置。U-5TS 主炮是滑膛炮，它可以举升仰角 +17°，俯角 -40°，1 挺 PKT7.62 毫米机枪和主炮同轴配置。T-62 刚开始就役时并没有装设防空机枪，后来许多 T-62 都在装填手舱位上装上制式 DSHK 12.7 毫米武器，这种 T-62 被命名为 T-62A。

T-62（图 90）共携带 3 种弹药：高爆弹头、翼稳脱壳穿甲弹头和高爆战防弹头。翼稳脱壳穿甲弹头的炮口初速达 1689 米 / 秒。当弹药发射时，弹底板（弹身周围可以脱离的"制动器"）会在弹药离开炮管时脱离，然

图90

后弹身的安定翼会展开使弹身在飞行时稳定。根据以色列的报道，此型弹药可以在 1000 米的距离外贯穿 30 厘米的装甲。它的 115 毫米炮弹是以人力进行装填，但火炮发射后会自动回到设定的角度以使空弹壳自炮膛退出，

然后移上斜槽穿过在炮塔后部的小圆门抛弃。T-62 共有 3 种异名同类型：T-62M 是改良型主力坦克，T-62K 是指挥坦克，M1977 是装甲救济车。大约有 19 000 辆的 T-62 仍在世界各地服役，许多 T-62 已采用附加新型装甲、履带、侧裙及火炮来提高其性能。

T-64 主力坦克

在 20 世纪 60 年代，苏联陆军就制造了 M1970 的原型车。该型坦克和 T-62 十分类似，而且装备着和 T-62 一样的 115 毫米滑膛炮，但不同的是它采用有 6 组小路轮的全新承载系统。M1970 并未进入批量生产，但不久之后就出现了新的发展，命名为 T-64，于 60 年代晚期进入苏联陆军服役。T-64 在车体和承载系统上和 M1970 类似，但它装备了新式的 125 毫米滑膛炮，并以自动装弹机装填。

图 91

T-64（图 91）的驾驶员乘坐于车辆前部中央位置，其他两名乘员则在炮塔中，车长在主炮左侧，射手则在右侧。它的主炮是 2A26 125 毫米滑膛炮，自从 T-64 装备该炮后，已经成为世界各国陆军现役坦克炮中口径最大的。

2A26 型炮为了能适用装弹机而采用了垂直弹药储存系统。据报道，在就役初期曾有些问题，许多乘员曾严重受伤。在它的炮塔左方安置了 1 具红外线搜索灯。炮塔正面分别有 12 具烟幕放射器，主炮有 1 具热套筒，并以铰链固定由薄金属板构成的履带护片。

承载系统有 6 组安装在液压臂的小型双轮路轮，在苏联陆军中是种很不寻常的安排，因为自20世纪30年代的克利斯蒂（Christie）坦克就采用了大型路轮和扭力杆。为了进行涉渡行动的需要，它有两具细呼吸管，一具装在射手潜望镜位置，另一具则提供引擎空气。

T-64K是T-64的基本型中产量较少的一种异名同类型，它是指挥坦克，为此以略微减少125毫米弹药的携带量来携带额外的无线电机。在车体外部有1具望远镜架，以便于在车辆停止时可以架立望远镜。

目前已有3种T-64的异名同类型被证实。第1种是最初的量产型，接着是T-64A（美国陆军命名为T-64 M1981/1），有许多小改良。T-64B

接着在80年代早期出现，有些可能是新造的，但是大多数显示是由T-64A所转换而来。T-64B（图92）装备的是2A46 125毫米滑膛炮，和T-80相同，但是它的自动装弹机则和T-64A是同型的。它携带的弹药包括翼稳脱壳穿甲弹和高爆战防弹（HEAT-FS），而

图92

且可以发射北约命名为AT-8"歌手"（Songster）的反坦克导引武器。

AT-8（图93）是以助推发动机为动力推动发动机，然后启动主发动机，

图93

推动它以 500 米 / 秒的速度冲向目标。它最大有效射程是大约 400 米。高爆战防弹的弹头可以贯穿约 76 毫米的钢甲，但它对现代陶瓷装甲和反应装甲的效果就差多了。

T–64B 安装了 1 具激光测距仪和附加侦测器，这是用来使 AT-8 导弹优先和直升机目标交战。T–64B 也装了 111 块以螺钉固定的反应装甲，覆盖在前斜板部分、车体的两侧和炮塔的大部分。由于炮塔上覆盖了装甲块，使得烟幕放射器被移到炮塔的后方和车长舱盖并列的位置。

T–72 主力坦克

T–72 主力坦克于 1973 年进入苏联陆军服役，在苏联、捷克斯洛伐克、波兰、印度、伊拉克、罗马尼亚和南斯拉夫等国生产。曾在下列各国服役：阿尔及利亚（200 辆）、保加利亚（200 辆）、古巴（50 辆）、前捷克斯洛伐克（850 辆）、芬兰（50 辆）、匈牙利（200 辆）、印度（750 辆）、伊拉克（500 辆）、科威特（？）、利比亚（180 辆）、波兰（400 辆）、罗马尼亚（100 辆）、叙利亚（1000 辆）和南斯拉夫（超过 300 辆）。

虽然 T–72 因为外形上的相似而和 T–64 有着相当的关系，但事实上却完全是由另外一个设计局所发展出来的。它于 1971 年进入批量生产，在 1973 年以前就已经大量就役，直到 1977 年才为西方专家公开报道。和所有最近的苏联主力坦克一样，驾驶员乘坐在有良好斜度的前斜板下的中央位置，前斜板上有交叉横梁和挡泥板。另外 2 名乘员则乘坐于炮塔中，车长在右侧，射手则在左侧。所有的 T–12 坦克是为前华沙公约组织的部队所制造，具有特别合成的铅底内衬。这意味着对核爆炸的两种产物提供一定程度上的保护：对人员提供中子辐射防护，对电子装备提供电磁波破坏的防护。

T–72（图94）有1具自动装弹机，但是和T–64所采用的并不相同，它是水平装填系统。除了最早的车型外，T–72的主炮是2A26 125毫米滑膛炮，装有1具轻合金热套筒和1具排烟器，它可以发射3种弹药。动能翼稳脱壳曳光穿甲弹头（APFSDS–T）可以以秒速1800米的炮口初速发射，它的最大

图94

有效射程达2100毫米。另一种战防弹头是锥形装药型，已证明了是翼稳高爆战防弹HEAT–FS，它的最大有效射程达4400米。最后一种是翼稳高爆杀伤弹HE–FRAG（FS），可以用于对付如燃料库、开放地形下的部队和轻型车辆等目标，在间接发射模式下它的最大射程可以达到9400米。

T–72坦克（图95）通常携带39发弹药：12发翼稳脱壳曳光穿甲弹、21发高爆杀伤弹和6发翼稳高爆战防弹。这3种炮弹都是由两部分所组成：

图95

弹头和药筒。后者可以完全燃烧并和小金属筒壳分离。T–72的理论发射速率是每分钟8发，但是这个速率在战场上是否可能达到，或是持续则是另外一回事。

它的承载系统使用6组装在扭力杆上的大直径路轮。较早期的量产型有一项特征，就是履带被四面由弹簧装上的衬裙片提供相当程度的保护，这些衬裙片是在展开行动时解开向前方以大约60°角弹出。这项装备被推测是用来对付高爆战防弹的攻击，但它的价值似乎受到怀疑，而使得在后期的各车型中没有再出现此装备。

T–72有1具单管的细呼吸管，它是用来涉渡较深的河流的，装在射手潜望镜的位置上。这种呼吸管在车辆于水下出事时没有办法使乘员逃离，所以在苏联装甲单位服役的士兵们对所有的战术涉渡均不表欢迎。

自从T–72基本型第一次露面以来，已经有许多主力坦克车型问世。

各主要车型亦有少量的异名同类型问世，使得命名时出现混乱的情形。

最初的车型只有限量生产，此即 T-72A，它装备着和 T-64 一样的 2A26 火炮，这型车的大部分后来改装了可塑性装甲衬裙和激光测距仪。初期的主要量产型是 T-72B，它是最早采用 2A46 火炮和其他改良：大部分在后来都装上特殊装甲和 1 具激光测距仪。

苏联的生产线于 20 世纪 70 年代将 T-72 转换成更先进的型式，这就是我们所知的 T-72M（图 96），它有许多异名同类型。初期的 T-72M 在许多方面超越了 T-72B，包括附加装甲在炮塔上，可塑性薄侧衬裙和 1 具新式激光测距仪。随后 T-72M1 出现，它在前斜板上有一大块镶嵌装甲，稍后的车型在炮塔顶和驾驶的左右侧衬垫了一种新型装甲。在坦克车顶增装装甲的设计，明显的是为了因应北约国家"车顶攻击"武器的威胁，该型武器当时正开始服役。

T-72M2，北约将它命名为苏联主力坦克 M1986，它是从 T-72M1 发展来的，它不仅在炮塔有较厚的装甲，在车顶也附加了镶嵌装甲块，在它稍后的 T-72M2 则在前斜板（一层）、炮塔周围（一至三层）和沿着坦克两侧（一层）安装高爆反应装甲块，以提供承载系统和上部车体某种程度的

图 96

保护。这些 T-72 装甲上的强化，特别是上部装甲，使它赢得了 1 个多少有伤名誉的绰号——超级桃莉芭顿坦克（the Super Dolly PartonTank）。

图 97

T-72M2（图 97）也展现它新式的烟幕发生器，这是由总共 8 个位在射手舱盖左手边的迫击炮所构成。原有 1 个 12.7 毫米机枪的弹药箱已经被取消，使得射手在夜晚使用放大夜视仪的效能增强。

最新出现的是 T-72MS（1987 年），它是对整辆车主要部分的重新设计。它有新的承载系统，1 具新引擎和新式增程炮弹。它也可以发射 T-72 自开始就配用的 AT-8"歌手"反坦克导引导弹。

T-72 有许多特殊的变体。T-72K 是指挥车型，它具有额外的通讯系统，是供给营级或团级指挥部使用。BREM-1 是一种装甲救济车，IMR-2 则是战斗工程车。T-72 操作上的弹性，因为它可以携行地雷清除装置而加强。除了负有指挥任务的坦克以外，T-72 的各型车都可以在车体前方装上这种装备。波兰陆军的 T-72 即以 1 具可以交换的地雷清除系统著称，这是 PW-LWD 火箭推进高爆药索，它是装在坦克车体后方的 1 个容器中携行。

T-72 至少为 15 国陆军所采用，数以千计的 T-72 从苏联境内 4 个国家兵工厂制造出来。T-72G 是在捷克斯洛伐克和波兰生产，两者均命名为 T-72。这些坦克和苏联型 T-72 差异很小。但命名为 TR-125 的罗马尼亚型，则因战斗重量提升至 47.27 吨而和苏联型不同。T-72M1 也在印度生产，

图 98

T-72G 则在伊拉克量产（伊拉克称之为 Assad Babyle，巴比伦之狮）。最后一种 T-72 是在南斯拉夫生产，它称为 M-84（图 98）。它和苏联型有许多差异，但是最主要是在光学和电子系统上。已有许多南斯拉夫制 M-84 出口至科威特。

T-80 主力坦克

T-80 的设计和研发是由位于下塔吉尔（Nizhni-Tagi1）的乌拉尔（Ural）坦克工厂中的 AF Kartsev 设计局所负责，T-64 主力坦克亦由该厂设计开发。T-80 的研究开发始于 20 世纪 70 年代中期，在 1983 年左右进入批量生产，1985 年左右服役。

T-80 在很多方面超越了 T-64，最显著的是它换用了燃气涡轮引擎，这可能是受到美国陆军 M1 艾布兰（Abrams）主力坦克采用同样动力装置的影响。除了知道该引擎大约可以输出 985 匹马力，并以手动排挡——5 个前进档、1 个倒退档外，我们对这种苏联制的燃气涡轮引擎所知甚少。在 T-80 车体的后方有 2 具附加可抛弃式燃油槽，第 3 具则可以装在引擎盖上。很明显的，最近的 T-80 型（下面将作细节的描述）是由柴油引擎推动，我们大概可以假定苏联陆军对于燃气涡轮引擎整体的性能或是燃气涡轮引擎的高耗油量不满意，亦或可能两方面皆不满意。

T-80（图 99）的车身是钢制，有许多重要部位，如前斜板，都有薄片装甲。炮塔是铸造钢制，但在其内侧有一层特殊装甲。在驾驶舱和炮塔的内部有一层和 T-72 相似的特殊合成以铅为底的材料内衬，这是用来提供对付中子放射和电磁波的防护。

图 99

T-80 的承载系统是使用左右各有 6 组放在扭力杆上的路轮。相对于 T-64 的小路轮和液压承载系统，T-80 的设计可以说是回归到苏联的传统设计。

T-80 的主炮是 2A46 125 毫米滑膛

炮,它有1具水平装弹机,在从外观检视上和T-72所使用的主炮是相同的。有些T-80坦克部队装配了可以发射AT-8"歌手"反坦克导引导弹,但无法确定是全面配属。这种火炮和T-72上所使用的相同,可以发射下列弹药:两种翼稳脱壳曳光穿甲弹(APFSDS-T),翼稳高爆战防弹(HEAT-FS)和翼稳高爆杀伤弹(HE-FRAG)。

和其他苏联制坦克一样,T-80也装备深涉渡的设备。它有1个巨大的圆柱形容器横盖在炮盖后方,里面包括两具呼吸管:一具装在射手潜望镜位置,另一具则置于散热器铁栅上以提供燃气涡轮引擎空气。

新型T-80(图100)已于1987年问世,但它已服役数年了。一般即以美军所命名的T-80 Model 1984型名之,它在炮塔和前斜板装了185和200块爆炸反应装甲块(ERA)。这些爆炸反应装甲块在被来袭的高爆穿甲弹击中时会爆炸,使得高爆穿甲弹在初期放出的高能熔融金属会在贯穿装甲块时消耗它的贯穿力,使它没有足够

图100

的能量去贯穿坦克的主装甲板。这种装备使得在对付高爆穿甲弹或是带有高爆穿甲弹头的火炮或导弹的攻击时提供有效的防护。

虽然最新的T-80改良型已于1989年问世,但是目前仅知命名为苏联中型坦克M1989或SMT1989。这型车已将燃气涡轮引擎改为柴油引擎,根据推测可能是和T-72所使用的785匹马力V-12引擎相同。它最明显的外型改变是炮塔上的新型附加装甲防护,在爆炸反应装甲块有一层金属罩,这使得新坦克在外观上有显著的改变。在前斜板的爆炸反应装甲块已经重排得较为整齐,范围也较大。此外还有许多其他的改变,包括炮塔顶12.7毫米防空机枪的遥控射击、增加烟幕放射器和改良型车载射控系统。

当瑞典Strv-103坦克(一般称为"S坦克")(图101)就役时,因为它的外观提供了坦克设计的新方向——导引走向更轻、更机动化的3人乘坐主力坦克,而引起大众的兴趣。它的设计源于20世纪50年代,瑞典的波佛斯公司于1958年赢得它的发展合同。第1批两辆原型车于1961年

图 101

完成，随后在 1966~1971 年间又生产了 300 辆。

　　S 坦克的乘员全部乘坐在中央的战斗舱。驾驶员兼射手坐在左侧面对前方，坐在他背后的是无线电操作员，他面对后方，必要时他操作坦克向后；车长坐在主炮右方，也有 1 具油门和刹车，在必要时可以操控坦克。

　　主要武装是 1 门 L74 105 毫米线膛炮，是英制 L7 炮的加长型，在瑞典当地生产。炮管固定于前斜板，因此不需要炮塔，这使得坦克整体的高度和重量均得以降低。因为没有炮塔和后座力机制，亦使得自动装弹机可以装设。自动装弹机装有 50 发炮弹，可以依战术状况不同而将穿甲脱壳弹、软头高爆弹、高爆弹和烟幕弹加以混合，坦克可以每分钟 10 ~ 15 发速度射击，且弹壳可以自动由车体后方的小门弹出。

　　S-103A 和 S-103B 型的动力包件是劳斯莱斯 K60 柴油机，这可以供一般行动使用，另外 1 具波音燃气涡轮引擎则提供额外的动力以供战斗时或穿越困难地形时使用。而 S-103C 则将劳斯莱斯引擎更换为功率较大的底特律柴油机 6V-53T，但燃气涡轮引擎却并未更换。

　　它的液压气动式承载系统可以用于火炮的瞄准。火炮是驾驶员兼射手操纵升降，他可以调整举升自 +12° 至 -10°，火炮可以藉坦克履带的转动来旋转。当火炮发射时，承载系统会锁住成为 1 个稳定的发射平台。

S坦克有了许多革新，当它第一次出现时引起不少人的惊讶。它广泛地为各国测试，英国陆军甚至在德国租用足够装备1个完整装甲纵队的数量以延伸其野战测试，但却证明了它并不如当初想象的成功。它在车体向下时的射击姿势会暴露一块很大的横截面，而且在行进时无法准确地射击，这种型式的设计便没有再进一步发展下去。

　　下一代的瑞典主力坦克（图102）已经在发展了，在测试许多激进的设计之后，例如语音操纵坦克，瑞典的参谋本部显然已决定采用传统基础的设计。命名为Stricdsvagn 2000的这种新型主力坦克将重达约57吨，且将以新式140毫米炮安装于1个传统旋转式炮塔，并以波佛斯40毫米加农炮为同轴武器。

　　挑战者式主力坦克在1963年英国陆军采用了酋长式（Chieftain）坦克的同时，英国陆军的思考已开始转向下一代的坦克。一项国产坦克计划于20

图102

世纪60年代晚期展开而且从未中止，但是因为是在英德主力坦克计划期间，所以进展速度很缓慢。英德主力坦克计划于1970年开始，和其他合作发展主力坦克计划的命运一样，在1977年终止了合作关系，于是注意力又

图103

转回到国产品上。同时，酋长式坦克已经吸引伊朗国王下订单，并生产出1种命名为波斯狮（图103）一型（Shir 1）的衍生型。这导致波斯狮二型（Shir 2）的产生，它是1种优秀得多的主力坦克，它的发展主要是为了伊朗的订单。不幸的是，伊朗的订单因为伊朗革命将国王驱逐而不能实现，维克斯

公司遂在稍后生产1种新型的波斯狮二型,以便更适应英国陆军的需求。它于1978年订约量产,这就是挑战者一型,于1984年进入英国陆军服役,生产总数达420辆,在90年代中期量产结束前运交。

当英国陆军决定放弃参加一项由北约在欧洲北部和中部集团军间的国际坦克炮射击比赛——加拿大陆军锦标赛(theCanadian Army Trophy)时,挑战者一型的恶名达到了高峰。在20世纪80年代末期,有关英国陆军未来主力坦克的激烈推测,因为一项官方名为"酋长式坦克取代计划"(Chieftain Replacementprogramme)的国际竞赛的公布而达到顶点。这4个竞争者是来自德国的豹Ⅱ式坦克(改良型)、来自美国的M1A1艾布兰坦克、来自法国的雷克勒坦克和英国的挑战者二式坦克。经过竞标者的激烈评估测试后,挑战者二式坦克中选,经过一系列的"里程碑"来证明它完全符合英国陆军的需求。

同时,波斯湾战争爆发,英国陆军派遣1个装甲师到沙特阿拉伯,该师共有176辆挑战者一型。这些坦克的表现出奇的好,表现出它高度的机械可信性。在前方装甲团,这些坦克在100小时的地面战斗中,平均达350千米的距离,全军只有2辆抛锚。120毫米主炮被证实十分准确,半数的交战是使用软头高爆弹。随着这个伟大的成功和穿越里程碑之后,伴随着一些激烈的政治游说,挑战者二型的订单终于签订。

挑战者二型(图104)的车体和挑战者一型相似。驾驶员乘坐在中央,和一般不同的是,他是穿越前斜板来观察外界;其他3名乘员则在炮塔内,

图104

车长和射手在主炮右侧,装填手在左侧。车体和炮塔是由焊接钢铁和周伯罕式装甲构成,都具有很好的弹道斜面。

它的主炮是新式L30 120毫米线膛炮,和一般英军演习时一样,它装配着热套筒、排烟器和炮口参考系统。这种新式火炮只是挑战者武器组成的一部分,它包括了火炮、装弹系统和一种装有衰变铀(DU)弹头的新式

强力战防弹。它一共可携行 64 枚弹头和 42 枚装药，装药储存于炮塔环下的装甲弹箱中以求最大的安全。L30 炮也被装设在挑战者一型坦克上，以取代 L11A5 型主炮。

图 105

挑战者二型坦克（图 105）是 20 世纪 90 年代新式坦克中唯一使用 120 毫米线膛主炮的坦克。这是因为英国陆军一直对软头高爆弹的价值有信心。当软头高爆弹击中坦克时，炮弹的高爆药会在瞬间形成 1 个圆形的"蛋糕"，然后弹头底部的装药才爆炸。坦克车壁内因爆炸引起的巨大破坏，碎片在乘员舱中飞窜。英国陆军坚信这种炮弹应和高速动能弹（如脱壳穿甲弹等）配合，而软头高爆弹在飞行时必须仰赖自旋稳定，所以不能用滑膛炮管发射，因此坚持采用线膛炮管。

1 门麦道公司的直升机 7.62 毫米链炮和主炮同轴，另外 1 挺 7.62 毫米防空机枪则装在炮塔。

动力单元是柏金斯柴油引擎，可以输出 1200 马力。原来安装在挑战者一型的 TN37 传动系统因为被评为不适用而以 TN54 型取代，它共有 6 个前进档和 2 个后退档。事实上，这些装置已安装在波斯湾战争期间送往沙特阿拉伯的 12 辆装甲救济车上，并且在该地的合格率百分之百，这是一项真实成就。

FV4201 酋长式主力坦克

依据第二次世界大战对德国的经验，英国陆军始终对于防护力和火力给予第一优先而牺牲了机动力。因此，当 20 世纪 50 年代提出取代百夫长

式坦克的主力坦克需求时，其结论便是要制造那个时代最优秀的装甲和最具威力的主炮。在1959~1962年间，7辆新式FV4201酋长式坦克的原型车制造完成，后续的发展问题在引擎、传动系统和承载系统，第1批约900辆的酋长式坦克于1967年进入英国陆军服役。

图106

酋长式坦克（图106）的车体前部是铸造结构，车体的其他部分是焊接的。驾驶员乘坐于车体前部中央的半躺位置，这可以使坦克的总高度降至最小；在炮塔中，车长和射手在右侧，装填手则在左侧。最初射手有1挺12.7毫米测距机枪，可以配合120毫米炮发射弹药，以便取得正确的距离资料。这比透过炮塔上的光学测距仪简单而且有效，但在20世纪70年代被更有效的测距方式取代，那就是Barr & Stroud激光测距仪。然后又加装了马可尼（Mareoni）整合射控系统。后来已有超过300辆的英国酋长式坦克装设了热影像观测仪和火炮瞄准镜，这些都是为挑战者主力坦克所研制的装备。

LllA5 120毫米主炮安装了炮口参考系统、排烟器和热套筒。它可以发射脱壳穿甲弹、翼稳脱壳穿甲弹和软头高爆弹。

酋长式坦克（图107）安装了全程夜视设备。现在全部都装有1台红外线（IR）侦测器，可以追踪在62°以内的红外线光源。酋长式坦克也开发了许多其他的装备，但是只在战术环境需要时才加装。这些装备包括了1架推土铲和1套深水涉渡装备。

图107

1986年，英国陆军开始1个安装复合装甲的计划，昵称为"不起泡酿造"（Stillbrew）。这可以在相对的低成本情形下大幅强化它的装甲防护力，而对机动力只有很小的影响。酋长式坦克的其他车型包括了装甲救济车和装甲架桥车。英国陆军的部分坦克部队已经在20世纪80年代换装了挑战者一型坦克，其余的在90年代由挑战者二型所取代。

伊朗陆军于1971年订购约700辆酋长式坦克，随后又订购了125辆称为波斯狮一型的改良型和1225辆称为波斯狮二型的更先进改良型。全部酋长式坦克均运抵伊朗，但因伊朗国王的政权垮台，没有任何一辆波斯狮坦克运抵。约旦后来订购了90辆波斯狮一型，并命名为哈立德（Khalid），而波斯狮二型的设计则成为英国陆军挑战者一型主力坦克的基础。

M1 艾布兰主力坦克

在1973年6月，制造一种称作M1的新型坦克原型车的合同为克莱斯勒集团（M60型坦克的制造厂商）和通用汽车集团（MBT-70的制造厂商）的底特律柴油机亚历森部门两者共同得到，这型坦克后来命名为艾布兰坦克。这些坦克于1976年2月交给美国陆军进行测试，经过4个月的延迟，而于1976年11月宣布由克莱斯勒设计的坦克开设量产。量产是在1979年于利马的利马陆军改装中心（Lima Army ModificationCenter）着手进行，第1条M1的全量产的生产线于1980年初完成。

M1（图108）的车体和炮塔是采用英国复合式装甲，这是因应使坦克免于遭受来自导弹和坦克炮两者攻击的要求。M1的乘员包括了4名，驾驶员在前部，车长和射手在炮塔内的右侧，装填手则在左侧。其主要武装包括了1门由英国发展而授权在美国生产的制式105毫米炮和1挺7.62毫米

图108

同轴机枪。一挺12.7毫米机枪装在车长的位置，另外有一挺7.62毫米机

枪则置于装填手的位置。M1共可携行55发105毫米炮弹、1000发12.7毫米机枪弹和11400发7.62毫米机枪弹。主炮可以在移动时瞄准并发射。射手先选择目标物，然后以激光测距仪计算目标物的距离然后按下发射开关。电脑会计算并调整以确保命中。

M1（图109）的动力是来自1台多燃油莱康明燃气涡轮引擎。它已被证实在服役中十分可靠，并提供M1高达27hp/t的高推重比，此外它自时速0千米加速至时速32千米只需6秒的时间。它的机械构造简单且特别容易维护。但是，它的噪音大，并且会放出非常热的废气（成为1个强烈的红外

图 109

线点源），它最严重的缺点可能是其燃油耗量大。M1有1套全自动变速系统，共有4个前进档，2个后退档。

在生产了2374辆基本型M1后，在1985年2月转换成改良型M1（具有较好的装甲，但在其他方面完全相同）。M1的大改变要到M1A1的出现，它于1987年开始出厂，它装配着莱茵金属公司M256 120毫米滑膛炮，该炮最初是由德国设计生产用以装备在豹Ⅱ式坦克上的。M1A1共可携行40发120毫米弹，而装备105毫米炮的M1则可携行55发，也安装了1套整合核生化防护系统，承载系统亦有所改进。

后来量产型的M1A1具有重装甲包件。在车体的特定区域，特别是前部，以1种新型的装甲构成，这种装甲是以衰变铀（DU）装入钢甲，这可使其密度较一般钢铁大250%。这是设计用以对抗最新的动能穿甲弹，并将只使用在预定于欧洲配置的M1A1上。衰变铀的辐射逸散率很低，但会增加坦克的全重。

现在正在发展的是1种命名为"第二代改良型积木"，一般情况下，将装在M1A2。这些改良多半是联合指挥和管制、电子、光学和电气系统，如果可行，将可使M1A1保持世界上最复杂的主力坦克的地位。

美国海军陆战队订购了221辆M1A1（图110），以取代老旧的

第二章　主战坦克

图 110

M60A1。这型和美国陆军的 M1A1 几乎完全相同，除了所有陆战队的坦克以外，其他都装有深水浮游装置，以供两栖登陆使用。

根据一项 1988 年签署的协议，M1A1 将在埃及生产。第 1 批坦克将由美国完全组装，后续则部分组装，然后才是只提供零件。埃及已开始生产部分组件，但车体、火炮、弹药和电子装备仍由美国提供。

在 1991 年底前，美国军方已交货和订购的 Ml 系列坦克的概况如下：

M1（基本型）	2374——已运交			
M1（改良型）	894——已运交			
M1A1——美国陆军	4199——量产中	总数	7750	
美国海军陆战队	221——量产中			
M1A2	62——计划中			

除了本国的生产以外，埃及亦订购了 555 辆，而这表示了其他订单的可行性：包括沙特阿拉伯、巴基斯坦和瑞典。M1 型系列坦克亦和其他现代主力坦克在英国和瑞士竞标，但都落选了。

1957 年，1 辆 M48 型战车因实验而装上 1 台新式引擎，接着便在 1958 年推出了 3 辆原型车。1958 年底又决定以英制 105 毫米 L7 炮来武装新型坦克，并命名为 M68。1959 年这种称作 M60 的新型坦克的第 1 批量产订单交给克莱斯勒公司，该型便于 1959 年底在底特律坦克兵工厂进入量产，次年第 1 辆量产型就完成了。

自 1962 年起，生产线上的 M60 就由 M60A1 来取代，M60A1 有许多改良，其中最重要的是 1 具重新设计的炮塔。M60A1 的炮塔和车体是全铸造结构。驾驶员坐在车体前部，其他 3 名乘员则在炮塔中，车长和射手在右侧，装填手在左侧。引擎和传动系统后置，其传动系统有 1 个后退档，两个前进档。M60 坦克的承载系统是扭力杆式，具有 6 组路轮、惰轮前置、传动轮后置，并有 4 个顶支轮。其 105 毫米主炮可举升仰角 +20°，俯角 –10°，并可 360° 旋转。举升和旋转均以动力操作。1 挺 M737.62 毫米机枪和主炮同轴，车长指挥塔上安装 1 挺 12.7 毫米 M85 机枪。M85 可以从炮塔内瞄准和射击，它可以举升仰角 +60°，俯角 -15°。M60 共（图 111）可携行约 60 发 105 毫米炮弹，900 发 12.7 毫米机枪弹和 5950 发 7.62 毫米机枪弹。红外线驾驶灯是 M60 的制式装备，在其主炮上方亦装有红外线／白热探照灯。所有的 M60 坦克均装有核生化

图 111

系统，M60 亦可在车体前方装上推土铲。M60 在没有准备的情形下可以涉渡达 1.22 米，或在工具的帮助下涉渡达 2.44 米。在应付深水涉渡时，M60 可以装 1 具呼吸管，使其涉渡深度达 4.114 米。20 世纪 60 年代中期，由于 M60A2 的生产而产生了歧异，它是以 M60 的标准车体配合 1 具装备着 152 毫米火炮／发射架的新炮塔，这是沿自 M551 薛里登轻型坦克的观念。但这一计划带来无止境的问题，所以在只生产 526 辆 M60A2 后就叫停了。被配属至德国的 M60A2（图 112）亦送回美国，稍后这种问题坦克就被从现役中除名。

同时，改良 105 毫米炮的计划亦展开。1 具新式射控系统、新式激光

图 112

测距仪和1具电脑的装置亦实际地增加了第1发命中的几率，稍后又加装了1具坦克热源瞄准器。这种M60A3许多是新设生产线生产的，但少部分是自M60A1提升而来。

美国国防部欲使M60在1997年以前从美国库存中逐渐移转出去。因此，任何会破坏安全性或环境保护的进一步改良都会受到限制。

M60系列坦克的第2大使用国是以色列陆军，它拥有大约1400辆M60、M60A1和M60A3型坦克，并持续地提升其性能。全数M60系列坦克已换装较大功率的德立台大陆柴油机，以及当地生产的M68 105毫米线膛炮，该炮并安装以色列自行研发的热套筒。以色列的M60也安装了彩衣（Blazer）爆炸反应装甲，它是多层特别剪裁的装甲块栓钉在炮塔和车体外侧，这是用来防护化学能弹头（CE）攻击。另一种更新的称作MAGACH-7的"累进"式装甲现在已经安装了，它甚至改变了坦克的外表，特别是炮塔部位，增强对抗化学能弹和动能弹攻击的防护。以色列并安置了一套称作MATADOR的射控系统。

M1 "艾布拉姆斯"主战坦克

M1"艾布拉姆斯"（图113）主战坦克以美国前第37装甲营参谋长克赖顿·艾布拉姆斯的姓命名，它是美国装甲部队也是美国几个盟军装甲部队的主要装备。它的目的是为装甲部队提供足够强大的移动火力，在全球范围内接近和摧毁对方的坦克和装甲部队，在任何可以想象的环境中为自己的部队提供保护。依靠强大的火力，高度的机动和突击能力，它不论是白天或黑夜，在任何气候条件下都能够全方位在非线性战场投入战斗。

现在多个国家军队中服役的"艾布拉姆斯"主战坦克主要有3种型号，即最初生产的M1型和M1A1、M1A2两种新的型号。

图 113

M1 型（图 114）从 20 世纪 80 年代初期开始服役。

为美国军队生产 M1A1 型坦克的任务也已经完成。坦克工厂总共为美国陆军和，还有埃及、沙特阿拉伯和科威特军队生产了 8800 多辆 M1 和 M1A1 型坦克。为向外销售军火而生产的新型 M1A1 和 M1A2 型坦克到 2000 年也进入了尾声。

M1A1 系列从 1985 年开始生产，到 1993 年停产。它用 120 毫米火炮取代 M1 型的 105 毫米火炮。其他许多方面也作了改进，如承载系统、炮塔、保护装甲和核生化作战防护系统等。

图 114

新型的 M1A2 系列坦克除了保留 M1A1 所作的改进以外，还增加了车长专用热成像仪、武器平台，以及定位导航装置、一条数据总线和显示 M1A2 坦克群在战场上分布情况的无线电界面系统。

大约有 1000 辆老式的 M1 型"艾布拉姆斯"坦克改装成 M1A2 型。对于现有的 M1A2 型，美军也在实施改造计划，提高它的数字指挥和控制能力，加装第二代前视红外系统，以提高坦克在能见度有限情况下的战斗力和攻击力。2000年开始实施的M1A3型计划，在对这些系统进行改进的同时，还将使用更加先进的数字系统。

M1系列坦克装1120千瓦的燃气涡轮发动机，它的行程大约442千米。装备激光测距仪、白天光学观察仪、热成像夜视仪、数字弹道计算机，具有白天和黑夜在运动中射击目标的能力。燃料和弹药分开存放，以提高安全性。车身和炮塔采用先进的类似英国国防部研制的Chobham装甲。需要的时候，"艾布拉姆斯"坦克还可以披上爆炸反应装甲，以对付穿甲弹。

"艾布拉姆斯"坦克（图116）虽然从1980年开始就在军队中部署使用，但在而后的10年中一直没有经历过战争考验。1990年8月，伊拉克入侵科威特，海湾战争开始的时候，有人担心"艾布拉姆斯"在沙漠中长期作战，加上没有足够的维修设备，会成为战争的牺牲品。也有人对它炮塔中那么多电子设备的作战能力表示怀疑。

图116

随着老布什总统的一声令下，美军开始向海湾地区调兵遣将，装甲部队也开始艰难的部署。美国空军最大的C-5"银河"运输机每次只能运载1辆"艾布拉斯姆"坦克，因此，调往海湾的坦克几乎全部都得靠船运。虽然姗姗来迟，但还是受到多国部队的欢迎，因为它可以对付伊拉克所有在编的坦克。伊拉克虽然也有庞大的坦克部队，但大部分都是从苏联买来的，数量最多的是500辆T-72型坦克。苏联的这些现代化坦克装备性能优越的125毫米滑膛炮，具有许多和"艾布拉姆斯"相类似的先进性。但是和美国的M1A1比起来，还是处于劣势，充其量只能相当于当时美国海军陆战队部署在海湾地区的老式M60A3坦克。此外，伊拉克还有许多老式的苏联坦克，如大约1600辆T-62、700辆T-54（图117），这些都是20世纪60年代的产品，和"艾布拉姆斯"比起来，更是处于明显的劣势。

第二次世界大战以后，海湾战争第一次为军事评论家提供了全面评估坦克设计性能的机会。在《沙漠胜利——为科威特而战》一书中，作者弗里德曼写道："美国在沙特阿拉伯大约有1900辆M1A1型坦克，它们在崎

图 117

岖的道路上飞驰时能够准确地开火（归功于火炮的稳定装置）这一点，被证明在海湾战争中很有价值。战争证明，'艾布拉姆斯'的观察和瞄准设备不但在黑夜，而且在科威特到处充满尘埃和烟雾的白天也非常有效。在有效射程上，'艾布拉姆斯'平均要超过伊拉克的坦克 1000 米。"

　　根据美国国防部官方公布的资料，美国在海湾战争中共部署 1848 辆 M1A1 型坦克，一部分是厚装甲坦克。其中美国海军陆战队有 76 辆（60 辆为厚装甲坦克）。

　　随着海湾战争从"沙漠盾牌"转入"沙漠风暴"行动，美国的"艾布拉姆斯"坦克的炮火开始向前方延伸，对准伊拉克的防御要塞和在任何时候都可能遭遇的伊拉克坦克。此时伊拉克转攻为守，他们的坦克仍采用两伊战争时的战术，在地面上挖坑，把坦克开进坑内以减小目标，然后以坦克的固定火力来迎击多国部队的进攻坦克和部队。然而故伎重演，未必奏效，反而限制了自己坦克的机动性。在多国部队的坦克越过伊拉克边界之前，强大的空中火力已经将近 50% 的伊拉克坦克摧毁，等剩下的坦克想办法爬出土坑的时候，又被赶到的"艾布拉姆斯"坦克击毁不少。

　　尽管科威特油井熊熊燃烧（图 118），战场布满了浓厚的黑烟，但是"艾布拉姆斯"坦克的热成像观察瞄准仪并没有受到影响。实际上，坦

图118

克炮手在白天也是依靠夜视装置进行观察和瞄准。伊拉克的坦克却没有这种优势，他们往往还没有看到对方的时候就被击中。

整个海湾战争过程中，虽然也有一些发生机械故障的报告，但只有18辆"艾布拉姆斯"坦克因战斗损伤而退役，其中9辆无法修复。这些损伤大多是由于地雷造成的，作战人员无一伤亡。美军装甲部队司令官给予"艾布拉姆斯"主战坦克90%处于战备状态的高度评价。

M1A2"艾布拉姆斯"的使命是利用自己的机动性、威慑力和火力接近并摧毁敌人的武装力量。它是美国装甲部队和机动部队的主要装备。在过去的几年中，大约有1000辆老式的M1型坦克已经升级为M1A2型。

从1999年财政年度开始，美军又开始实施M1A2型坦克的"系统改进规划"（英文缩写SEP），将M1型改装为M1A2-SEP型（图119）。从2001年财政年度开始，老式的M1A2型也改装成SEP型。到SEP型投产时，美国老式的627辆M1A2型坦克将全部改装成SEP型。

图119

M1A2型坦克"系统改进规划"的目的，主要是提高坦克的数字指挥和控制能力，提高它的战斗力和杀伤力。

对M1A2实施"系统改进规划"的主要措施有：

增加2个第二代前视红外系统，提高侦察、发现和鉴别目标的水平。

增加辅助动力装置，为坦克和各种系统装置提供动力。

安装温度控制系统，为乘员和电子设备降温。增加温度控制系统是M1A2"系统改进规划"的一项措施，这个系统能够在任何极端的环境中，把乘员的座舱温度控制在35℃以下，把电子设备的触摸温度控制在52℃以下，这样就能够提高作战人员和设备的作战能力。

增加电子设备的存储、处理能力和速度，提供全彩色地形显示功能。

提供与作战部队的指挥控制机构相兼容的装置，保证和所有参战的部队共享指挥、控制和信息资源。

T-90型主战坦克

T-90型主战坦克是世界上比较先进的坦克之一，1993年开始少量生产。

T-90的设计方案在原先准备设计的T-88型坦克基础上修改，初看起来像是完全崭新的新型坦克，实际上还是以T-72BM型为基础，再加上一些T-80型系列坦克的特性。

它的特点是采用新一代的装甲来建造它的车身和炮塔。T-90S和T-90E这两种型号据悉可能用于出口。俄罗斯军队原先打算，如果财政允许，在1997年之前用T-90替换所有老式的坦克。到1996年年终，大约有107辆T-90型坦克已经在远东军区服役。

与T-72型坦克相比，T-90几乎在所有的方面都有重大改进。但是，根据2000年传出的消息称，俄罗斯已经在准备设计更新的坦克，只是因为缺乏资金，所以还不能上马。因此，T-90（图120）也只是过渡性的，维持在少量生产的水平。据估计，到2000年为止，大约有300辆不到的

图120

陆地之王战车

图 121

T-90 在俄罗斯军队中服役，主要部署在远东军区。

T-90（图 121）保留了 T-72 和 T-80 坦克的 2A46 系列型 125 毫米主炮，它能够发射脱壳穿甲弹、反坦克高爆弹、高爆破片杀伤弹、定时榴散弹。9M119 型 AT-11"狙击兵"激光制导导弹的聚能装药弹头对装甲车辆和低飞的直升机都非常有效，能够在 4000 米的范围内击穿 700 毫米厚的匀质装甲，使 T-90 在对付其他装甲车辆和直升机的时候有先发制人的机会。配备数字化的火炮控制系统、激光测距仪加上新型的 Agave 炮手热成像瞄准仪以后，T-90 不但能够在运动中，而且能够在夜间捕捉目标和射击。不过，这些设备都属于第一代，还比不上美英等西方国家坦克现在装备的同类设备。准确的瞄准设备加上自动装弹装置，使 T-90 的火力能够高速发射。除了主炮以外，T-90 还有 PKT 型 7.62 毫米共轴机枪和 12.7 毫米高射机枪。

T-90 坦克具有苏联早期坦克车身低矮的特点，主动和被动防御系统相结合的配备，第二代爆炸反应装甲的巧妙使用，这些都使 T-90 成为世界上防御性能最好的主战坦克之一。

TSHU-1-7 型 Shtom-l 光电对抗系统用来干扰激光制导反坦克导弹的测距和瞄准，激光告警系统及时提醒乘员有危险，Shtom-l 系统和类似 Arena 这样的主动防御系统配合使用则更加有效。1995 年在阿联酋阿布扎比举行的国际防务博览会时，人们在俄罗斯的一辆主战坦克上发现了这个系统。据传，俄罗斯军队中的 T-90 型主战坦克安装 Shtora-l 系统的时间是 1993 年。现在，俄罗斯的 T-80UK、T-80U、T-84 和 T-90 主战坦克都装上了这个系统。

Shtom-1 系统由 4 个部分组成：光电干扰平台（包括干扰发射台、调节器、控制面板和 12 具烟幕榴弹发射器）、激光告警系统、控制系统（包括控制板、微处理器）和手动甄别瞄准控制器。当发现有反坦克导弹袭来时，主炮两边的两盏红外探照灯立即发出连续的编码脉冲红外干扰信号。Shtora-1 系

统能够在仰角为 -5° ~ 25° 度范围
内进行 360° 全方位监视。12 具烟幕
榴弹发射器能够在 3 秒钟内形成方圆
50 ~ 70 米，可持续 20 秒钟的烟幕。

图 122

　　T-90 采用 V-84MS 型 618 千瓦
V-12 多种燃料柴油发动机，可使用
T-2，TS-l 煤油和 A-72 汽油。它的推
重比只有 13.5 千瓦／吨，比 T-80（图
122）小。乘员可以在 20 分钟内做好泅渡 5 米深水的准备。T-90 也配备核
生化作战保护系统和扫雷设备。

图 123

　　T-90 型主战坦克起码有 3 种型号。
1996 年，俄罗斯承认有一种专供出口
的型号，它的装备和发动机与其他型
号有些不同。俄罗斯的一些报道中也
说到过 T-90S 和 T-90K 这两种型号。
T-90K 型（图 123）为指挥型坦克，
主要区别在于有无线电、导航系统以
及 Ainet 高爆破片杀伤炸弹远程引爆系
统。还有一些关于 T-90E 型的消息，但一时还没有证据。

　　2000 年时，印度曾计划购买俄罗斯的 T-90 型坦克，准备用来对付巴
基斯坦的 T-85 型坦克。

"挑战者" 2 主战坦克

"挑战者" 2 主战坦克是第二次世界大战以后英国陆军和维克斯防卫系统公司单独签订的设计和研制坦克的项目。它的车身和自动化设备以"挑战者" 1 为基础。为了提高它的可靠性和可维修性，研制过程作了 150 多项改进。"挑战者" 2 的炮塔则是全部重新设计，装甲采用"挑战者" 1 装甲的改进型，它的保护程度在北约坦克中属于佼佼者。核生化作战系统考虑到了现代条件下可能出现的各种情况。乘员乘坐的坦克舱内有冷热空调系统，这在英国的作战坦克中还是第一例。

"挑战者" 2 坦克的主炮为 L30 型 120 毫米膛线炮。同时配备麦克唐纳·道格拉斯直升机系统的 7.62 毫米链式机枪和 7.62 毫米高射机枪。火炮控制系统使用的最新一代数字计算机由加拿大计算机设备公司提供，是美国陆军使用的 M1A1 "艾布拉姆斯"的改进型。它同时还具有扩展能力，以备将来安装战场信息控制系统和导航设备等先进装置。

"挑战者" 2 的计划包括研制 386 辆主战坦克，22 辆驾驶员训练坦克以及一些辅助设备和备件。

维克斯公司从 1986 年 11 月开始研制"挑战者" 2 型坦克。1987 年 3 月向英国国防部提交第一辆坦克样机。

1991 年 6 月，英国政府决定选用"挑战者" 2 型坦克（图 124），并下了价值 5.2 亿英镑的订单，计划生产 127 辆"挑战者" 2 型主战坦克和 13 辆驾驶员训练用坦克。这批坦克从 1993 年开始生产，第一辆坦克于 1994 年 7 月交货。整个生产计划大约涉及 250 家转包商，其中有些在英国，有些在外国。主要厂家有皇家军火公司（武器装备）、布莱尔·卡顿公司（履带）和通用电气—马可尼公司（火炮控制）。

图 124

　　由于英国军队决定用"挑战者"2 型坦克（图 125）取代原先使用的"挑战者"1 型坦克，1994 年 7 月，维克斯公司又获得英国国防部价值 8 亿英镑的订单，准备生产 259 辆"挑战者"2 型主战坦克和 9 辆驾驶员训练坦克以及一些部件。按照原来的计划，整个生产起码延续到 2000 年。

　　从 1988 年 9 月到 12 月，"挑战者"2 型坦克进行严格的服役可靠性能测试。1999 年 1 月得出结论，表明"挑战者"2 型坦克的研制获得完满成功，它在各个方面的性能都超过了客户的要求。

图 125

　　"挑战者"2E 型是"挑战者"坦克家属中最新式，也是最先进的型号，它是为特定的环境和气候条件而设计。

　　"挑战者"2 型坦克重要日期：

　　1990 年开始生产；

　　1997 年 9 月准备投入训练；

1997 年 11 月完成生产可靠性测试；

1997 年 11 月完成第一批测试；

1998 年 3 月完成第二批测试；

1998 年准备交部队使用；

1998 年 6 月完成第三批测试；

1998 年 6 月开始服役；

1998 年 10 月完成第四批测试。

武器系统可使用日期：1999 年年底。

"梅卡瓦" MK3 主战坦克

"梅卡瓦"（图 126）是以色列国防军的主战坦克。最先生产的型号"梅卡瓦"MK1 型 1979 年开始提供给以色列国防军，MK1 型一直生产到 1983 年，这以后"梅卡瓦"MK2 型开始代替 MK1 型。

图 126

与 MK1 型相比，MK2 型在机动性能、火力控制系统和装甲方面都有所改进，还增加了 1 门 60 毫米迫击炮。MK2 型的生产持续到 1990 年，此时"梅卡瓦"MK3 型问世，并开始在以色列国防军中服役。

MK3 型有崭新的承载系统，895 千瓦发动机和新的传动系统，主炮的威力也更加强大。防弹装甲采用新型的装甲模块，并且用螺栓固定在坦克上。当有新的防弹装甲材料问世时，替换就很方便。到 2000 年为止，大约有 1200 辆"梅卡瓦"MK1 型和

MK2 型在以色列国防军中服役。"梅卡瓦"MK4 型 2001 年开始全面投产，MK4 型采用 120 毫米火炮，保护装甲和火炮控制系统又有了新的发展。

图 127

"梅卡瓦"MK3 型（图 127）的 120 毫米滑膛炮由以色列军工部门自行研制，有 Vidco 热护套筒，能够防止由于气候、热量和冲击产生的扭曲，提高射击的准确性。弹药舱中备有 50 发炮弹。

MK3 还配备了 3 挺 7.62 毫米机枪，2 挺装在车顶上，1 挺和主炮共轴。7.62 毫米的子弹备有 10 000 发。

60 毫米迫击炮由以色列 Soltam 公司研制，它的口径大，炮弹的初速较低，能够发射高爆弹和照明弹。坦克乘员从炮塔内也能装弹、瞄准和射击。

炮塔的液压系统很容易因为受到撞击而损坏，引发事故，因此"梅卡瓦"MK1 和 MK2 采用的电动—液压炮塔控制系统在 MK3 型中用电动系统代替，从而提高了它的安全性和生存能力。炮手和车长都能够操纵炮塔的控制系统。

MK3 装备空调和过滤器高压系统，在核生化战争的环境下，能够有效地保护乘员的安全。

坦克采用 Amcoram LWS-2 型激光告警系统，它的告警显示器安装在车长的位置上。炮塔的前方安装附加的装甲，可以有效地对付最先进的反坦克导弹。

炮塔框架的下部以及轮子和履带有球链式裙带保护，可以防止反坦克高爆弹的攻击。

"梅卡瓦"庞大的装甲车体的焊接和机械加工技术问题，都是由以色列坦克部队装备处解决。防弹装甲材料的制造技术，由以色列 Urdan 工业公司解决。

"梅卡瓦"MK3 先进的"骑士"MK3 火控系统，将炮塔控制和火炮控制集为一体，使坦克能够在运动中对移动的目标进行射击。

图 128

炮手的控制台配备热成像观察瞄准仪和白天使用的电视频道，激光测距、目标跟踪和观察瞄准仪集成一体。自动目标跟踪仪根据昼夜瞄准仪传送过来的影像数据自动瞄准目标。

"梅卡瓦"MK3（图 128）装备 AVDS-1790-9AR 空气冷却柴油发动机，功率 895 千瓦，而"梅卡瓦"MK1 和 MK2 的发动机功率只有 670 千瓦。

"梅卡瓦" MK4 型主战坦克

2000 年 6 月 24 日，以色列国防部举行"梅卡瓦"MK4 型主战坦克开始批量出厂仪式。MK4 型 2001 年开始全面投产，2004 年将正式在以色列军队中服役。根据以色列国防部的计划，每年将生产 50 ~ 70 辆，总共将生产 400 辆。

无论是装甲、火炮还是电子设备系统，"梅卡瓦"MK4 型（图 129）与 MK3 型相比，都有了显著的改进。

与 1990 年开始在以色列国防军中服役的 MK3 型相比，MK4 型要稍大一些。

图 129

MK4 型坦克除了它的 4 个乘员以外，还可以携带 8 名步兵，1 个指挥小组，或者 3 副担架。它可以在运动中对高速移动的目标开火，用普通的反坦克弹药对攻击直升机进行射击，也有较高的命中率。

MK4 型坦克装备新的全部电动的炮塔，炮塔上只有车长的舱口盖。120 毫米火炮是 MK3 型坦克火炮的第二代，性能更加优越。

火炮除发射以色列生产的 APFSDS–T M711（CL 3254）尾翼稳定脱壳穿甲弹、HEAT–MP–T M325（CL 3105）反坦克高爆弹和 TPCSDS–T M324（CL 3139）型弹药以外，还可以发射法国、德国和美国生产的 120 毫米弹药。

除了主炮外，MK4 还配备 7.62 毫米机枪和 60 毫米迫击炮系统，迫击炮在 2700 米的范围内可以发射爆炸弹和照明弹。

防卫系统中有先进的电磁威胁鉴别和告警装置。

新型的火控系统具有许多优越的性能，包括能够在快速前进的过程中捕捉和锁定运动中的目标，甚至连在空中飞行的直升机也难以逃脱。

MK4 的 V–12 型柴油发动机输出功率为 1120 千瓦，发动机和一个油箱置于坦克前方，两个油箱放在后方。与功率为 895 千瓦的 MK3 型坦克的发动机相比，它的功率要大出 25%。发动机的部件有一部分经美国通用动力公司许可以色列自行制造，一部分由德国制造，最后在以色列工厂和自动传动系统以及发动机计算机控制系统一起安装。

MK4 型坦克（图 130）的车身经过重新设计以后，装甲保护得到进一步加强，驾驶员的视野也得到改善。为了倒车方便，还特地加装倒车镜头。

炮塔上覆盖新型的量体特制装甲块，能够对付空中发射的精确制导

第二章　主战坦克

图130

弹和最新式的反坦克武器。自动火力侦察和防火系统也是新安装的。车身下面为了对抗地雷，也增加了装甲保护。座舱内安装了冷热空调和在核生化战环境下的保护系统。

Part 3
中型坦克

　　中型坦克是早期坦克的一种类型。早期坦克是按照战斗全重和火炮口径来分类，西方国家认为中型坦克重20～40吨，苏联人认为中型坦克重20~50吨，火炮口径最大为105毫米，用于进行装甲兵的主要作战任务。

M48 型 "巴顿" 中型坦克

　　M48 "巴顿"（图 131）是 M47 "巴顿将军" 坦克的发展型，从 1952 年到 1959 年，总共生产了 11 703 辆。它是 20 世纪 60 年代美国陆军和海军陆战队在越南战场上的主力坦克。原先配备 90 毫米火炮，后来 M48-A5 型经过改性，配备英国的 105 毫米火炮。美国军队中的 M48 坦克后来被它的后续型 M60 取代。但许多国家的军队到现在仍在使用 M48 坦克。

图 131

　　M48A2C 坦克的汽油发动机非常容易起火，1968 年，M48A3 型改装柴油发动机。到了 20 世纪 70 年代，AVDS-1790-2C ∕ 2D 系列发动机问世，它的功率为 560 千瓦，而后的 M60A3、AMX-30、"百人队长"、M88A1，M48A5 都相继采用或者改装这种发动机。80 年代，M48A5 和 M60A3 型坦克升级改装 560 千瓦的 AVDS-1790 "红海豹" 发动机。90 年代，M48A5 升级型坦克改装 AVDS "金奖章" 发动机。

　　M48 型型坦克内有 3 个驾驶室：驾驶员驾驶室；战斗员室，里面有炮手、装填手、车长；还有发动机室。主炮上方有一盏1百万烛光的探照灯，能射出白炽光或者红外线，晚上能为主炮和瞄准仪照射目标。

M48最初是为了在欧洲和苏联的坦克相对抗而设计的，20世纪60年代开始投入使用的时候，它有当时最先进的火炮控制系统。那时候的计算机还比较简单，目标距离由目视测距仪来测定，它的工作原理有点像35毫米的照相机。

M48有以下多种型号：

M48A1型（"巴顿"2型）：匆忙投入朝鲜战场，出现许多问题，后来进行了许多方面的改进。大约有19个国家使用这种型号的坦克，后来都配备弹道计算机，与M46相比，它改进的方面主要有增加履带宽度，采用改进装甲、光学测距仪等。

M48A2C型（图132）：采用喷射式燃油发动机和新的传动系统，减少燃料消耗率，增加行程，减少红外辐射，采用新的炮塔，火力控制系统也加以改进。M48A1和M48A2型总共建造了11 700辆。

图132

M48A3型：这种型号坦克在原来的M48型基础上已经作了许多改进。原来的汽油发动机被柴油机取代，从而大大地减少了火灾的危险，增加了行程。此外，还安装了新的火力控制系统，增加了炮塔舱以及炮塔上的车长座位。炮塔也改成椭圆型，主炮使用T型炮口制退器。大约有1000辆M48A3型坦克是从M48A1型和A2型改装过来的。有许多M48A3型坦克出口到美国的盟国和其他地区。

图133

M48A5型（图133）：这是M48型坦克最后生产的型号。使用后来生产的M60坦克105毫米火炮和柴油发动机。最初生产的M48A5型坦克炮塔比较大，后来都改成以色列设计的比较低矮的炮塔。承载系统和履带也作了改进。美军中的 M48 型坦克现都已经全部退役。其他国家和地区使用的 M48 型坦克也都按 M60 型坦克的标准进行改造。

M48A5K 韩国型：配备 105 毫米火炮，改进的火力控制系统，据说比早期生产的 M60 型坦克性能还要好。

M48–A5E 西班牙型：配备 105 毫米火炮和激光测距仪。

图 134

M48A5T1 土耳其升级型：和 M48A5 相似，其 T2 型有热成像观察镜。

CM11（图 134）中国台湾型：它把 M48H 型坦克的炮塔安装在 M60 的车身上。配备先进的火力控制系统，包括弹道计算机、105 毫米火炮装有稳定式热成像瞄准仪（类似美国 M1 "艾布拉姆斯"），使坦克在行进过程中的目标跟踪性能得到改善。

CM12 中国台湾型：在 M48A3 型坦克的车身上安装 CM11 的炮塔。

AVLB 型：供以色列和中国台湾使用。

M67 型：火焰喷射器的喷筒较短，筒壁较厚。

M60 型 "巴顿" 系列坦克

M60 "巴顿" 系列坦克从 M48 系列坦克发展而来，主炮口径 105 毫米。

M60 "巴顿" 系列坦克从 1960 年开始由克莱斯勒工厂生产，1961 年开始服役，总共大约生产了 15 000 辆。

在美国陆军引进 M1 "艾布拉姆斯" 型坦克之前，M60 "巴顿" 系列坦克占据美军主力坦克之列长达20年之久。M60"巴顿"系列坦克从主力位置退下来以后，现仍在预备役和国民警卫队中使用。

图135

M60"巴顿"（图135）系列坦克外形笨重，越野性能较差，曾经受到非议，但其以可靠性和耐用性赢得了信任。在其服役期间也作了许多改进。

M60"巴顿"系列坦克1983年停产，而后到1990年为止，有5400辆老式的M60"巴顿"系列坦克改装成M60A3型。在1973年西奈和戈兰高地的赎罪日战争中，以色列军队的M60"巴顿"系列坦克投入了战斗。

在1991年海湾"沙漠盾牌"和"沙漠风暴"的战争中，美国海军陆战队远征军投入了210辆M60A1S型坦克，以支持攻占科威特的军事行动。

M60"巴顿"系列除了它的主炮以外，还配备1挺7.62毫米的M240型机枪和1挺12.7毫米的M85型高射机枪。

M60"巴顿"系列主要型号有：

M60A1型：1963～1980年生产的主要型号，配备英国设计的L7型105毫米膛线炮，备弹63发。

M60A2型：从1974年开始生产，配备152毫米"橡木棍"火炮/导弹发射系统（备13枚火箭和33发炮弹）。这种坦克的性能令人失望，由于结构复杂，操作吃力，被士兵们戏称为"宇宙飞船"。试验的时候，新设计的炮塔问题层出不穷，因此投产不到两年就停止生产。已生产的坦克炮塔最终也被拆除。

图136

M60A3（图136）型：配备坦克热成像瞄准仪、弹道计算机、激光测距仪、炮塔稳定系统。

陆地之王战车

T-34 中型坦克

苏联的 T-34 中型坦克在 1936～1937 年期间研制，它是在早先一些的 BT 型坦克基础上加以改进而成的。原型机 1939 年初问世，1940 年 9 月开始批量生产。当时配备 76 毫米火炮，后来又改成 L-11 型 76.2 毫米火炮。1941 年以后生产的 T-34 又改装 F-34 型 76.2 毫米火炮，F-34 型比 L-11 型火炮的炮管要长得多。

图 137

T-34 型坦克的主要优点是设计简单，易于大批量生产和维修。它的体型较小，重量轻，作战范围大。采用水冷却的柴油发动机不容易起火。

T-34 坦克（图 137）的诞生，使苏联坦克在伟大的卫国战争中处于劣势的局面得到扭转。纳粹德国的将军们也纷纷称赞它是世界上最先进的坦克。与当时的德国坦克相比，T-34 火力更强，速度更快，斜面装甲强度和焊接强度也超过德国坦克。虽然德国后来生产的"虎"式和"豹"式坦克的火炮射程比 T-34 原来的 76 毫米火炮远，但是随后的 T-34 都改装了 85 毫米火炮。改装后的 T-34/85 型坦克的装甲也得到加强。尽管在某些技术方面还比不上德国后来生产的"虎"式和"豹"式坦克，但是它们在数量上的优势足以弥补这些缺陷。

使用 T-34 的国家和地区有：阿尔及利亚、安哥拉、保加利亚、古巴、捷克斯洛伐克、芬兰、德国、匈牙利、朝鲜、波兰、罗马尼亚、叙利亚、乌克兰、越南、前南斯拉夫和其他一些独联体国家。

T54 / T55 系列中型坦克

T-54 中型坦克是第二次世界大战以后全世界使用最多的坦克。T-54 的原型机 1946 年问世，1947 年开始批量生产。1949 年，T-54 开始交付部队使用，目的是为了取代在第二次世界大战中使用的 T-34 型。

T-54 型批量生产以后不断地进行改进和升级，这些改进和升级基本成型以后，它的型号也改成 T-55。

20 世纪 60 年代初期，T-55A 型开始批量生产，在捷克斯洛伐克和波兰等国家也投入生产，在苏联的生产一直持续到 1981 年。20 世纪 80 年代以后，苏联军队中的 T-54/55 型坦克逐渐被后来的 T-62、T-64、T-72、T-80 替换。T-80 后来成为苏联和俄罗斯坦克部队的主要装备。

在苏联 1956 年的匈牙利、1968 年的捷克斯洛伐克、1970 年的叙利亚军事行动中，T-54/55 是苏联军队的主要坦克装备。阿拉伯国家 1967、1973 年和以色列的战争中，T-54/55 也是阿拉伯国家的主要参战坦克。20 世纪 70 年代，T-54 型坦克也投入了越南、柬埔寨和乌干达战争。

T-55（图 138）和 T-54 的主要区别在于它没有右边的炮塔以及炮塔前面的塔顶通风设备。大多数 T-55 型坦克也不像 T-54 那样在炮塔上装一挺 12.7 毫米机枪。所有 T-55 坦克主炮的右上方都安装红外探照灯，不过这一点不足以区别 T-55 和 T-54，因为许多 T-54 和 T-54A 型坦克后来都加装红外探照灯。

图 138

图 139

T-55 型坦克（图 139）用来对付轻型和中型装甲车特别有效。但是外挂油箱和比较薄的装甲很容易受到致命的攻击。由于受到主炮仰角的限制，在高地上它很难攻击低矮的目标。炮手的观察角度也会受到坦克某些不合理构造的限制。

T-54／55 型坦克是至今为止全世界生产数量最多的坦克。在原来的华沙条约国和许多国家都曾经生产，主要有以下一些型号：

T-54 型：最早生产的 T-54 型坦克在生产的过程中也不断地加以改进，主要是炮塔和外形。因此也有在型号后面加上年份来加以区别，如 T-54（1949）、T-54（1951）和 T-54（1953）型。

T-54A 型：在 100 毫米火炮上装有排烟器，此外还加装稳定系统以及深水涉水装置。

T-54AK 型：指挥型坦克（波兰的型号是 T-54AD），增加无线电通讯设备，通讯距离为 160 千米 T-54M 型：T-54 升级为 T-55M 型过程中的产品，见 T-55M 型。

T-54B 型：首次配备红外夜视装置。

T-55 型：T-54 型经过多次改进，并改装新炮塔后采用的型号。改进的方面包括安装马力更大的 V-12 型水冷却柴油发动机，最大行程从 400 千米增加到 500 千米。如果加上 2 个 200 升的副油箱，行程可增加到 715 千米。后来生产的有 12.7 毫米机枪。

T-55A 型：增加核生化战保护系统。车内有新的反辐射保护层，炮塔里装 PAZ／FVU 化学过滤系统。

T-55M 型：增加 Volna 火控系统和反坦克导弹发射台，提高火炮和瞄准仪的稳定性，发动机、无线电通讯和防护等方面有改进。

T-55AM 型：加强炮塔的保护装甲。

T-55AM2B 型：前捷克斯洛伐克使用的 55AMV 型号，装 Kladivo 火控系统。

T-55AM2：T-55AM 型但没有装反坦克导弹或者 Volna 火控系统。

T-55AM2P：波兰使用的 T-55AMV 型，没有 Merida 火控系统。

T-55AMD：以 Drozd 穿甲弹代替增程弹药。

T-55ADDrozd 型（图 140）：装备 Drozd 穿甲弹，但没有 Volna 火控系统。

图 140

T-55AMV 型：装甲和发动机有改进。

T-72ZSafir-74 型（图 141）：伊朗使用的 T-54 / 55 型的编号，也作了一些改进，如火炮用 M68 型 105 毫米膛线炮，采用计算机火炮控制系统，全自动的传动和冷却系统。

现在仍在使用 T-55 型坦克的国家和地区：阿富汗、阿尔巴尼亚、阿尔及利亚、安哥拉、阿塞拜疆、孟加拉国、波斯尼亚、保加利亚、柬埔寨、乍得、刚果、克罗地亚、古巴、捷克、埃及、埃塞俄比亚、芬兰、乔治亚、几内亚、匈牙利、印度、伊朗、伊拉克、朝鲜、老挝、黎巴嫩、利比亚、马其顿、马拉维、毛里塔尼亚、蒙古、莫桑比克、纳米比亚、尼加拉瓜、尼日利亚、巴基斯坦、秘鲁、波兰、罗马尼亚、俄罗斯、斯洛伐克、斯洛文尼亚、索马里、斯里兰卡、苏丹、叙利亚、坦桑尼亚、

图 141

陆地之王战车

多哥、乌干达、乌克兰、乌兹别克斯坦、越南、也门、南斯拉夫、赞比亚、津巴布韦等。

TAM 中型坦克

阿根廷陆军原本保有的装备大部分来自美国，但是因为最近美国政府对许多国家武器的供给采取严格削减政策，尤其是针对南美洲国家，所以阿根廷陆军于 1974 年和原联邦德国的泰森·亨舍尔（Thyssen Henschel）公司签订设计制造 TAM（Tanque Argentino Mediano）中型坦克的合同，并于同时签下设计发展伴随 TAM 坦克的 VCI（Vehiculo Combate Infanteria）步兵战斗车合约。合约规定将提供 TAM 和 VCI 各 3 辆原型车。并于阿根廷设立 1 所工厂以生产此二型战斗车。工厂可先行使用原联邦德国提供的零件来组装，但一段时间后就必须大部分在阿根廷境内制造。这不但提供了就业机会，亦节省了宝贵的外汇。

TAM（图 142）和 VCI 两型大部分是以 1971 年进入联邦德国陆军服役的貂式（Marder）步兵坦克为蓝本。TAM 的车体是全焊接钢铁结构，驾驶员乘坐于斜度优良的车体的左前方，引擎在其右侧。全焊接的炮塔位于车体后方，车长和炮手在右侧，装填手则在左侧。其承载系统是采扭力杆式，包括 6 组双橡皮轮缘路轮、传动轮前置、惰轮后置，共有 3 个顶支轮。第 1、第 2 和第 6 路轮配置液避震器。基本型在使用本身油箱时可行驶达 550 千米远，但若在车体后方搭载 2 具长程油箱则可增至 900 千米。TAM 中型坦克的基本型在不需任何准备的情形下即可涉渡达 1.4 米，若装设适用该坦克的换气管则可涉渡达 4 米。

TAM（图 143）中型坦克的主要武装包括 1 门可以发射翼稳脱壳穿甲

图 142

弹（APFSDS）、高爆战防弹（HEAT）高爆弹（HE-T）软头、高爆弹（HESH）
和低压曳光弹（WP-T）的 105 毫米炮。它可以一次携带 50 发炮弹，这是
经由车体后方的一扇舱门或是炮塔左侧的小圆门装入。一挺 7.62 毫米机枪
和主炮同轴配置，另一挺 7.62 毫米机
枪则安置于炮塔顶作为防空火力；炮
塔两侧各安装 4 具电击发的烟幕发射
器。射控系统包括一具供车长使用的
全观景瞄准器，倍率从 6 倍到 20 倍，
另有一具同步测距仪亦供车长使用，
一具 8 倍率的瞄准器则是供炮手使用。

图 143

陆地之王战车

X1A2 中型坦克

　　X1A2 是圣保罗的伯纳第尼（Bemardini）公司为巴西陆军所生产的新坦克。X1A2 结合了以前 X1A 和 X1A1 坦克的外貌，他们都是美制 M3A1 斯图亚特（Stuart）轻型坦克的改良再制品，美国在 30 多年前提供过大约 200 辆该型坦克与巴西。

　　它的车体是全焊接结构，共分 3 个主要部分，驾驶舱在前，战斗舱在中，引擎舱则在后。驾驶员乘坐在车体左前部，弹药储存于其右。另两位乘员则坐在全焊接钢制炮塔内，车长在左方，炮手在右方，两者均有后开式单片舱盖和观景装置。引擎系被授权在巴西生产，是手动 2 前进档 1 倒退档的变速系统。承载系统是垂直涡形弹簧式，每侧有 3 组，每组含 2 个路轮和传动轮在前，惰轮在后，只有 3 个顶支轮支撑履带。

　　主要武装包含 1 门 90 毫米主炮，具有双炮口制退器，这使得发射重达 3.65 千克的高爆战防弹时，炮口初速达到 760 米 / 秒，在 0° 射角时可以贯穿 320 毫米的装甲；发射重达 5.7 千克的高爆弹时炮口初速为 650 米 / 秒。和主炮同轴的是 1 挺 7.62 毫米机枪，在炮塔顶有 1 挺 12.7 毫米防空机枪。X1A2 中型坦克可以携行下列弹药：90 毫米炮弹 66 发，7.62 毫米和 12.7 毫米机枪弹共 2500 发。在炮塔的两侧各有 3 具电控的烟幕放射器。可任意更换的装备，包括以 105 毫米主炮取代 90 毫米主炮，安装激光测距仪，红外线夜视装备和空调系统。虽然 X1A2（图 144）具有涉渡达 1.3 米的能力，但先天上并无两栖作战能力。

图 144

M47 中型坦克

当朝鲜战争爆发时，M26 和 M46 是美国陆军的制式坦克，将 1 具新型实验坦克的炮塔安在现有 M26 潘兴（Pershing）型坦克的车体上。这种新型坦克被认为是美国陆军的临时设计，它后来成为 M47 巴顿式（Patton）坦克，并于 1950 ~ 1953 年间生产了 8676 辆，这对一个替代品而言显然不是一个小数目。

M47（图 145）的车体和炮塔是全铸造结构。驾驶员坐在车体左前部，

图 145

其他 4 名乘员是前方机枪手，他在驾驶的右边，炮塔内的乘员是车长、射手和装填手。主要武装是 M36 90 毫米炮，具有 1 具 T 形防火帽，可以发射多种弹药，包括高爆战防弹和翼稳高爆战防弹。比利时的 MECAR 和以色列的 IMI 公司最近为该炮发展 90 毫米的翼稳脱壳穿甲弹。M47 共可携行 71 发 90 毫米炮弹，其他武器尚有 1 挺 7.62 毫米同轴机枪，1 挺 12.7 毫米防空机枪和 1 挺 7.62 毫米前方（车头）机枪。

　　美国陆军在几年后就将 M47 降为备役状态，但许多坦克都供给北约国家，然而其中只有少数国家将其保持在前线服役。在 1970 ~ 1972 年间，在伊朗建造了一个新的坦克工厂，该厂首先选中生产的便是 M47 的改良型命名为 M47M。它保留了 90 毫米主炮，但有许多零件是来自 M48A3 和 M60A1 型坦克，这包括了引擎、传动系统、电子和光学系统。上述改良产生出一种更优秀的坦克，并拥有更远的路程。它大约生产了 400 辆，据今仍有约 100 多辆在服役。

Part 4

其他战车

　　战车是用于陆上战斗的车辆。自从有了步兵，就有了战车。古代战车是一种以马拉动的战斗车辆。现代战车则与坦克相伴，配合、支持坦克作战，还在陆战场上执行作战指挥、后勤支援、物资运输等多种军事任务，现代战车成了现代战场上步兵的伴侣，可以说，哪里有步兵，哪里就有战车。

陆地之王战车

M24 "霞飞" 轻型坦克

毫无疑问，M24 "霞飞" 轻型坦克是第二次世界大战中最好的轻型坦克。它车身紧凑，装备轻型装甲和火力强大的 M5 型 75 毫米火炮。从 1943 ~ 1945 年，M24 总共生产了 4000 多辆。1944 年底，它首次运往欧洲战场，战火的考验证实了它的战斗力和可靠性。

但是，在 20 世纪 50 年代初期的朝鲜战争中，它根本不是 T-34/85 坦克的对手。美国只好从国内紧急运来 M26 "珀欣"（又译"潘兴"）、M46 "巴顿" 和配备 76 毫米长管火炮的 M4A3E8 "舍曼斯"。

M24 在美军中一直服役到 1953 年，后来全部被 M41 "斗犬" 型坦克取代。

二战以后，美国的许多盟国都引进 M24 "霞飞"（图 146）型坦克。法国军队在越南著名的奠边府战役中就是使用这种坦克作战。到了 20 世

图 146

纪60年代，尽管它已经是陈旧不堪，但仍在一些国家和地区使用。中国台湾使用的M24火炮后来被90毫米的火炮代替。

M41 "斗犬沃尔克" 轻型坦克

　　M41（图147）"斗犬沃尔克"是从T37型轻型坦克系列发展而来的产品。它的设计目的是为了取代第二次世界大战中的"霞飞"坦克。M41虽然操作性能好，机动性强，非常实用，但是耗油量惊人，而且噪声很大。M41的主炮稳定在炮塔上，在当时来说其射击精度是相当高的。

　　M41由卡迪拉克坦克工厂制造，第一辆样机于1951年出厂。到1953年就完全取代了美军中的M24"霞飞"坦克。越南战争期间，在越南作战的美军虽然没有使用M41坦克，但在

图147

1965年为南越军队提供了不少这种型号的坦克。在作战性能方面，它配备76毫米火炮，比越南民主共和国军队使用的T-54／55型坦克优越，但作为传统的战场支援坦克，它显得太轻，作为执行特种作战任务的坦克，它又显得太重，所并不完全适合于越南战场。

　　M41型坦克出口到许多国家和地区。其中巴西300辆，智利60辆，丹麦数量不详，多米尼加12辆，危地马拉10辆，索马里10辆，中国台湾675辆，泰国200辆，突尼斯10辆。

　　许多国家现在仍在使用这些坦克。有些作了一些改进，主要是用"卡明斯"VTA-903T新型柴油发动机代替老的汽油发动机；用能发射尾翼稳定脱壳穿甲弹的反坦克炮代替原来的76毫米火炮；加装核生化战（NBC）

系统、夜间热成像和激光测距系统、夜视潜望镜等。

中国台湾引进的 H41D 型坦克后来进行的改进包括改装自行生产的 76 毫米主炮，加装热成像瞄准系统、数字弹道计算器和激光测距仪、爆炸反应装甲。但是由于缺乏稳定的瞄准仪和不能在运动时准确射击，只适合于侦察和反两栖登陆战。

"虹" 轻型坦克

"虹" 轻型坦克（图 148）的研制，是为了满足战场对轻型坦克的需要，它既要具有更加灵活的战略和战术的机动性，又要具有相当于主战坦克的火力。

图 148

"虹" 能够发射北约组织所有 105 毫米弹药以及英国和美国的穿甲弹、尾翼稳定脱壳穿甲弹。它也是唯一能够使用北约正在生产的 105 毫米炮弹的轻型坦克。它的最大路速为 71 千米 / 时，能爬 30° 的坡度，越过 82 厘米高的垂直障碍，2.1 米宽壕沟，涉过 1.07 米的水深。

"虹" II 型坦克也已经问世，它采用改进了的火力控制系统，增加装甲保护程度。美国军队并不打算使用这种型号的坦克，它主要供出口，在国际军火市场上，渴望能赢得更多的顾客。

装甲步兵 K 轻型坦克

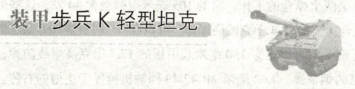

　　1965 年 Saurer Werke 公司应奥地利陆军的需求，开始着手发展具有完善武装和高机动性的驱逐坦克。底盘在许多零件上沿用稍早的装甲人员运输车的零件，但是，它的驾驶舱前置，炮塔中置，引擎和变速装置后置的设计则和装甲人员运输车有相当的差异。车体是全焊接结构以提供人员对小火器和炮弹破片的防护。承载系统是扭力杆式，包含 5 个双橡皮轮缘路轮、传动链轮后置、惰轮前置，并有 3 个顶支轮。第 1 和最后的路轮配置液压避震器。

　　FL-12 炮塔（图 149）由法国费里盖（Fives Lille Cail）公司授权在奥地利生产，和 AMX-13 轻型坦克和巴西的 EE-17（6×6）驱逐坦克的炮塔相同。炮塔是升降式，105 毫米主炮固定在上半部，枢轴则在较低的部分。主炮举升度从 -6° 至 +13°，炮塔可在 12 ～ 15 秒内旋转 360°。105 毫米主炮是由两个在炮塔裙衬内的转轮式弹仓给弹。每一弹仓有 6 发炮弹，

图 149

空的弹筒是由位在炮塔后方的小门弹出炮塔外。由于使用两个弹仓使得乘员可以减至 3 名（车长、射手和驾驶员），亦可在短时间内达到高发射率。就另一方面来说，若 12 发炮弹发射完毕，最少 1 名乘员必须离开坦克以执行人工装填两个弹仓的工作。它的 105 毫米炮弹量为 44 发，这些炮弹可以如下混合：全重 18.4 千克的高爆弹；可以在 0° 时贯穿 360 毫米的装甲板，或是 65° 时可以贯穿 150 毫米装甲板的 17.7 千克高爆战防弹；全重 19.1 千克的烟幕弹。7.62 毫米 MG42/49 同轴机枪置于主炮的右侧。在炮塔两边各有 3 具电击发的烟幕放射器。7.62 毫米机枪弹共可携行 2000 发。近来大部分车辆已在炮塔顶外安装激光测距仪，在测距仪上则安置红外线／白热探照灯。此型坦克常被称为 KurassierK，它并无核生化系统，并且不具有深水涉渡能力。

AMX-13 轻型坦克

AMX-13（图 150）是由巴黎附近的 Atelier de Construction d'lssyles-Moulineaux（AMX）公司所设计，并在 1948 年完成第 1 辆原型车。该型

图 150

于 1952 年由罗讷省制造厂（Atelier de Construction Roanne）开始进行批量生产，并一直维持到 20 世纪 60 年代早期该生产线被转移沙隆（Chalonssus Saone）的克罗梭罗尔（Creusot-Loire）工厂时。AMX-13 一直生产到 80 年代晚期，共生产轻型坦克、自行火炮、装甲人员运输车（APC）各型超过 7700 辆。其装甲战斗车（AFV）（图 151）家族已经建立。AMX-13 被设计成驱逐坦克和侦搜车，长久以来是法

国陆军的制式轻坦克。

AMX-13的车体是全焊接钢结构，装甲最厚达40毫米。驾驶座位于车体左前方，引擎在其右侧。炮塔位于车体后方，车长位在左侧，射手在右侧。为了使车身尽可能低矮，AMX-13被设计成乘员不得高于1.73m。炮塔是反

图 151

常的振动式设计，包括两个部分，下层安置在炮塔环上，具有两个炮耳。火炮是被固定在上层部分，火炮举升犹如一体。这种设计使得法国可以采用自动装弹机并减少乘员，由制式的4员降至3员。

火炮系由2具6发炮弹的弹仓装填，当12发炮弹消耗完，1名乘员必须徒步离开坦克以进行再装填。空弹筒是经由炮塔后方的舱口退出。第1代AMX-13以发射高爆弹和高爆战防弹的75毫米主炮为武装。较后期各型则是采用105毫米或90毫米主炮。许多AMX-13曾装置反坦克导弹，通常是法制SS-11型。此外，并装备了7.5毫米或7.62毫米口径同轴机枪，在炮塔顶则可以随意装备7.5毫米或7.62毫米防空机枪。

AMX-13的底盘被运用在大量的其他车辆上，包括了AMX VCI装甲人员运输车和两型自行榴弹炮：MK 61 105毫米和MK F3 155毫米自行火炮。亦有架桥车（Char Poseur duPont），搭载1具25级剪式桥，还有装甲救济车（Char de Depannage）。

AMX-13已经不在原先它最大的两个使用国——法国和荷兰陆军中使用。新加坡是目前最大的单一使用者，且新加坡自动工程处正将所拥有的AMX-13改良成新的AMX-13 SM1标准，它包括了全新的引擎包件，包括1具柴油发动机和全自动变速装置。克罗梭罗尔亦提供1种改装零件，包含1门GLAT 105毫米主炮安置于FL-15型炮塔中。

MKF3 155 毫米自行榴弹炮

F3 型 155 毫米自行榴弹炮是（图 152）由塔布制造厂（Atelier de Con-struetion de Tarbes，负责武装）和罗讷省制造厂（负责车体）两家公司所

图 152

设计的，由克罗梭罗尔负责生产。

F3 的（图 153）车体是全钢锻造结构，驾驶员乘坐于车体左前部，车长则坐在他的后方。引擎位于驾驶员的右侧，155 毫米榴弹炮则配置于车体后部。它的承载系统是采用可靠的扭力杆式，它包括了 5 组橡皮轮缘的路轮，传动轮前置，最后 1 组路轮即为惰轮，并具有 3 组顶支轮。第 1 和最后的路轮都装有液压避震器。

F3 基本上是 AMX-13 车体缩短后加上装置在车体后方的 155 毫米榴弹炮的组合。当行进时，榴弹炮是设定在水平位置，以向车体中央线右偏 8° 度固定。该炮具有双炮口制退器，可以自 0° 举升至 67°。其中 1 具可以向左旋转 20°，向右旋转 30°（可以自 0° 举升至正 50°），另一具则可以向左旋转 16°，向右旋转 30°（可以自正 50° 举升至正 67°）。

图 153

F3 的两名乘员乘坐于自行榴弹炮车上，另外 8 名乘员则乘坐 AMX-VCA 履带车辆上，该车可以携行 25 发弹头、25 发装药和 25 枚信管。

第
四
章

其
他
战
车

F3 的榴弹炮最大发射速率为每分钟 3 发，但在持续发射时则降至每分钟 1 发。弹药是分装式的（即弹头和装药分开），可以发射下列弹药：重 43.75 千克的高爆弹，射程达 20 000 米；重 43.25 千克的弹底空心弹（hollow base），射程达 21 600 米；重 44 千克的照明弹，射程达 17 750 米；重 44.25 千克的烟幕弹，射程达 17 750 米，以及重 42.5 千克的火箭辅助推进弹，射程达 23 300 米。

AU F1 155 毫米自行火炮

在 20 世纪 60 年代末期，法国陆军开始寻求 105 毫米和 155 毫米开放式炮架自行火炮的后继武器，以便能在随后进入法军服役。该武器有 4 项主要性能需求：机动力必须和 AMX-30 主力坦克相同，必须具有全方位 360° 快速旋转炮座以瞄准目标物的能力，可以高速发射高性能弹药，保护乘员不受小火器威胁并配备核生化系统。第 1 辆新式 Grande Cadence de Tir（GTC）的原型车于 1972 年完成，并于 1977 年进入批量生产，来自沙特阿拉伯的订单先成交，在 1978～1982 年之间运交 51 辆，至 1981 年才开始运交给法国陆军，并于 1989 年生产完毕，目前有 195 辆在支援装甲师的炮兵团中服役，每团包括 4 个炮兵连，每连有 5 门 GCT。80 年代中叶，又有 85 辆 GCT 进入伊拉克陆军服役。

GCT 的车体（图 154）基本上和 AMX-30 主力坦克相同，但坦克原有的弹药架已移出，改装入新式发电机和通风设备。履带和承载系统亦和 AMX-30 相同，引擎亦是采用希斯巴诺－苏伊沙 HS-ⅡO12 缸多种燃油引

图 154

擎，可以燃烧汽油、柴油或煤油。

巨大的炮塔安置于车体中央部分，可以容纳3名乘员（第4名是驾驶员，坐在前方前斜板的下方），车长和射手乘坐于右侧，装填手则在左侧。射手负责操作射控系统并设定火炮的举升和旋转，装填手则负责准备装填和监看自动装弹机。40倍径的155毫米炮由GIAT设计，具有双炮口制退器，可以自 –4° 举升至 +60° ，并可全方位360°旋转。

这种炮可以射击很多种炮弹，包括所有北约制式155毫米炮弹。法国陆军也已经针对这种火炮发展出一系列弹药，其中包括传统的高爆弹（图

图 155

155）、弹底喷气（增程）高爆弹、火箭助进弹（RAP）、烟幕弹、照明弹和训练弹，炮弹设计技术的领先成果十分显著。重达8.9千克的制式高爆弹可以投射达21 200米的距离。弹底喷气弹结合了减少装药的特殊设计，可以投射酬载量稍大的10千克高爆弹至

更远的28 500米。RAP弹则可投射同酬载量达大约31 500米的距离，差一点就达到32.18千米的射程。

42发炮弹和其分离式袋装药是放在炮塔的后方，通常是装载36发高爆弹和6发烟幕弹。自动装弹机可以使GCT以每分钟8发的"爆发速率"发射。

在炮塔顶上装填手舱盖上方装设了1挺机枪，可以采用12.7毫米或7.62毫米防空武器。在炮塔正面两侧各装有两具烟幕发射器，所有乘员均受核生化系统保护。

GCT的战术观念，是假想火炮必须在2分钟内进入炮阵地快速射击6发，然后停止射击，在两分钟内进入新的炮阵地。这样的快速移动是必要的，因为火炮必须避开敌人的反炮战射击（counterbattery fire）。

有些人说GCT过于昂贵而且太笨重。它的战斗重量是43 500千克，当然较美国的M109A2的24 948千克重多了。但是，在法国陆军中它十分受青睐，在1981～1989年间，以平稳缓慢的速度运交了195辆。

索尔坦 L-33 155 毫米自行炮／榴弹炮

在 20 世纪 60 年代晚期，以色列的索尔坦公司开始着手为以色列陆军设计新式的自行炮／榴弹炮（图 156），而这必须以雪曼（Sherman）坦克的底盘为基础，而且可能对乘员提供完善的防护、具有高发射率、路程远，并能携带足够的车载弹药以便易于再补给。在原型车经过试验以后，索尔坦自行火炮的设计被接受，并以 L-33 为代号在以色列陆军中服役。

L-33 自行火炮（图 157）基本上是将大幅改良的 M4A3E8 雪曼坦克的底盘除去炮塔、引擎后移，并增添 1 个全焊接的上层结构。驾驶员乘坐于车体左前部，车长坐在他的后上方，

图 156

两者均有防弹观景窗。在车体的两旁均有 1 个出入口，在车顶则有两个舱口，左方的舱口是车长的，右方则供防空机枪枪手使用。装在防空机枪手位置上的是可以 360°旋转的 7.62 毫米机枪。

L-33 自行炮的火炮／榴弹炮是安置在车体前部，最大可以举升仰

图 157

角 +52°，俯角 –3°，左右旋转各 30°。举升和旋转都是手动操作。该炮以 M-68 拖曳式炮／榴弹炮为基础，装有排烟器、单炮口制退器和 1 具可以在任何举升角度装填弹药的气压式进弹器。它可以发射重达 43.7 千克的高爆弹头，炮口初速可达 725 米／秒，

最大射程达 20 000 米，其他可供发射的弹种包括烟幕弹、练习弹和照明弹。1 个受过良好训练的乘员可以在短时距内以每分钟 4 发的发射速率发射携行的 60 发炮弹，其中 16 发是备便发射，车体后方的门是针对能简化快速再补给工作而设计的。以色列陆军所拥有 L–33 自行火炮的正确数字无法确知，但是已确知量产／转换计划（由海法（Haifa）的索尔坦公司所执行）已经完成。时至今日，仍没有已知衍生型被证实，或为以色列陆军因勤务需要而接受。

七五式 155 毫米自行榴弹炮

在二次世界大战后，日本陆上自卫队最先采用自行榴弹炮，于 1965 年引进的 30 辆美国制 M52A1 105 毫米自行火炮和 10 辆 M4A1 155 毫米自行火炮。1967 年，日本开始着手发展 105 毫米自行榴弹炮，由小松公司（Komatsu）负责车体，炮塔和主炮则由日本钢铁公司（Japan Steel Works）负责，最后制式化为七四式自行榴弹炮，但只在 1975 ~ 1978 年间生产了 20 辆，因为当时已决定集中发展较具威力的 155 毫米炮。

1969 年日本的 155 毫米自行榴弹炮的生产已经展开，由三菱重工负责车体，日本钢铁厂（Nihon Seiko Jyo）负责炮塔和主炮。最初的两辆原型车

图 158

于 1971 ~ 1972 年完成，批量生产随后制式化，称作七五式自行榴弹炮，稍后在很短的时间内便进入批量生产，三菱重工制造车体并执行运送完整系统至军方前最后的整合和测试工作。在外表上七五式自行榴弹炮和美制 M109A1 155 毫米自行榴弹炮非常近

似，但是日本的七五式具有略长的行驶路程。

七五式自行榴弹炮（图 158）的车体和炮塔是全铝焊接结构，驾驶员乘坐在车体的前部，引擎则在他的左侧，炮塔在车体的后部。为了进行弹药的再补给，在车体后部有 1 个舱门，炮塔上则有舱盖和舱门。承载系统是扭力杆式，它包括了 6 组橡皮轮缘的路轮，传动轮前置，而最后 1 组路轮则当作惰轮使用，但是没有顶支轮。主炮是 1 门具有双炮口制退器和排烟器的 155 毫米长炮身榴弹炮，在运动时一般都以行军锁闩固定。它可以射击最大射程达 19 000 米的日本制高爆弹头，或是最大射程达 15 000 米的美制炮弹。火炮可以举升自 –5° 至 +65°，炮塔可以 360° 全方位旋转，火炮的举升和炮塔的旋转在紧急时均可以手动操作。

图 159

七五式自行榴弹（图 159）炮有一项特殊设计，就是它的装填系统。在炮塔后部有两个鼓状物，每 1 个可以装 9 发弹药，这个装置和连结的装填盘及动力操作进弹机，可以在两个鼓形弹药夹必须再装填之前，于 3 分钟之内射击 18 发。再装填可以在自行火炮内或外进行。七五式一共可以携行 28 发 155 毫米弹药和必备的包装好了的弹药和引信。

炮塔顶有 1 挺以轴销（pintle）固定的 12.7 毫米机枪以供防空使用，它有 1 个小型的防弹盾，并有 1000 发弹药。七五式自行火炮装设了核生化系统和红外线夜间驾驶仪，在没有准备的情形下可以涉渡 1.3 米。

陆地之王战车

PT-76 轻型两栖坦克

　　PT-76 型坦克（Plavaushiy）是以企鹅（Pinguin）越野坦克为基础发展而来。自它从 1952 年进入苏联陆军服役以后，已经外销至许多国家，并曾在非洲、中东和远东地区作战。它的车体是全焊接钢结构，驾驶员乘坐在车体前部，而车长、射手和装填手则在炮塔，引擎和传动系统则在车体后部。PT-76 配备 1 门 76.2 毫米炮，它可以举升仰角 +30°，俯角 -4°。1 挺 7.62 毫米 SGMT 机枪与主炮同轴配置。

　　PT-76 共可携行 40 发 76 毫米炮弹和 1000 发 7.62 毫米枪弹。PT-76 最卓越的性能是它的两栖能力，它是以在车体两侧各 1 具的喷水推进器自车体后方排水推进。在下水前，车体前部会竖起 1 块阻浪板，驾驶中央的潜望镜也会升起，使得驾驶员可以看到阻浪板外的景物。PT-76 制造的数量已经很多，它的基本车体亦被其他型装甲车辆的整个家族所使用。其中 1 种改良型便是中国制造的 63 式坦克。

图 160

它有和 PT-76（图 160）相类似的车体，但是它有 1 个安装 85 毫米炮和 7.62 毫米同轴机枪的新炮塔，在炮塔顶也安置了 1 挺 12.7 毫米防空机枪。

IKV 91 轻型坦克

　　瑞典陆军被要求能够在其本国的森林和众多湖泊的环境下和潜在的敌人作战。在温度方面可以低到 –35℃。此外，身为中立国，它必须准备在没有同盟的帮助下对抗任何敌人。因此，在面对如此多不寻常的要求下，瑞典陆军生产了一些特殊的军事装备，实在令人讶异。

　　1968 年瑞典陆军和黑格伦德车厂（Hagglund Vehicl AB）签订合约，设计一种新的战斗车辆以取代当时服役的 Strv–74 轻型坦克、IKV–102 和 IKV–103 步兵炮以及稍后服役的 Pansarvarmskanonvagnm／63，IKV–91 即为此合同的产物。这是一个介于轻坦克和自行反坦克炮的混合体。瑞典陆军已生产了大约 200 辆，量产于 1975 年开始，于 1978 年结束。IKV–91 和它装配了 105 毫米炮的新型 IKV–105 都已提供外销，但是并未接获任何订单。

图 161

　　IKV–91（图 161）的车体是全焊接钢结构，并且分为 3 个隔舱：驾驶员坐在坦克的左前部，其他 3 名乘员则坐在全焊接的炮塔中，车长和射手在右边、装填手在左侧。主炮是波佛斯公司设计的低压炮，可以发射翼稳高爆弹和高爆战防弹。它一共携行 59 发炮弹，其中 18 发装在驾驶员的旁边。火炮举升限制是 +15° 到 –10°。炮管安装有 1 架排烟器，最近又加装了热套筒。炮塔 36°。旋转是由 1 套电力气动系统推动，有手动备用装置。射手的光学直管径合并了 1 台激光测距仪，提高了第 1 发命中的几率。IKV–91 装有 1 挺 7.62 毫米同轴机枪，另 1 挺 7.62 毫米防空机枪则固定在

陆地之王战车

装填手的舱位上。在它炮塔的两侧各有6架，一共是12架烟幕放射器。

它的引擎是Volvo-Penta四行程6缸柴油引擎，可以在2200转/分钟时输出360匹马力，引擎是对角安置以节省空间。由亚历森公司所提供的全自动变速系统有4个前进档、1个后退档。为了适应在瑞典北方会遭遇到严冬下发动引擎的情形，1架固定的小型喷火器可以用来预热引擎，这是许多坦克所没有的配备。

扭力杆式承载系统共使用6组大直径的橡皮轮缘路轮，履带经黑格伦德公司特别设计以在雪地使用，但没有装设顶支轮。它可以安装螺栓或50毫米的圆锥形钉以提高在深雪中行进的能力。在斯堪的纳维亚的严酷气候下是十分有用的利器。

图 162

在瑞典境内有许多湖泊，因此IKV-91（图162）基本上必须具备完全两栖性能，这就是它在外观上有些庞大的部分原因。在它前斜板有1具平衡翼，可以在入水时竖起，然后在空气进气口和排气管周围会升起低矮的遮蔽物。当浮航时，IKV-91由本身的履带推动，最大速率为时速7千米。

在1980年，新型车出现了，它装备着1门波佛斯105毫米低后座力炮，可以发射国际间所有制式105毫米炮弹。该车命名为IKV-91-105（图163），这型车已经被许多国家测试过，包括印度，但并未签下任何合同。

图 163

Part 5
未来的战车

坦克仍然是未来地面作战的重要突击兵器，许多国家正依据各自的作战思想，积极地利用现代科学技术的最新成就，发展适合21世纪使用的新型主战坦克。坦克的总体结构可能有突破性的变化，出现如外置火炮式、无人炮塔式等布置形式。火炮口径有进一步增大趋势，火控系统将更加先进、完善；动力传动装置的功率密度将进一步提高；各种主动与被动防护技术、光电对抗技术以及战场信息自动管理技术，将逐步在坦克上推广应用。各国在研制中，十分重视减轻坦克重量，减小形体尺寸，控制费用增长。可以预料，新型主战坦克的摧毁力、生存力和适应性将有较大幅度的提高。这也是坦克未来的发展方向。

塑料坦克

　　20××年的一天黎明，A国的一支坦克大军浩浩荡荡地向B国杀去。在远离战区的后方指挥部内，坐在大屏幕前的将军们对此次行动充满信心。情报显示，B国对战争的来临毫无知晓。大屏幕所显示的由战场观察／搜索雷达传回的信号的确只见已方的坦克铁流。突然前线指挥官报告，遭到B国坦克部队的伏击。"难道战场观察／搜索雷达失灵了？"于是大屏幕切换到战场电视系统的画面。果然，在晨光中，出现了一支敌方坦克部队，只见它们异常机动灵活，甚至可以躲避已方发射的导弹，而且已方发射的大口径坦克炮弹根本无法击穿它们。戎马一生的将军们被惊得目瞪口呆。与此同时，A国的一批坦克专家们也密切注视着这场战斗，他们早就得知B国秘密研制了一种新型坦克，但是B国坦克显示出的性能已远远超出了

图164

第五章　未来的战车

传统设计的极限，这使他们百思不得其解。这时，巨型计算机为他们提供了答案："这种坦克的材料是：塑料。"

你一定认为这只是对未来的幻想。但是"塑料坦克"真的只是幻想吗？

目前，人们对以坦克为中心的地面部队的24小时全天候作战能力的要求，在与日俱增。这不仅是要把部队的活动时间扩展到夜间，而且在充满着敌我双方施放的烟幕、炮火烽烟、火灾和烟雾的战场上（图164），为了提高生存力，必须研制夜视装置，各种微光夜视装置和红外夜视装置是解决这一问题的措施之一。此外，最近地面部队用的战场观察／搜索雷达问世了，这是观察装置的革命性变化。在上述情况下，只依赖于坦克的小型化和低矮的外形，想使坦克不被发现只能是一厢情愿。而且，对于一直追求强大的火力和高度机动性的主战坦克来说，要实现充分的小型化是不可能的。因此，要使坦克难以被雷达发现，只能用不反射电波的物质制造。幸而，由于近年来复合材料的迅速发展，制造这种车辆并不那么困难。使用玻璃纤维增强塑料制造整个车体，就可以造出"塑料坦克"（图165）。

人们可能会担心，塑料车体和塑料炮塔能否抗得住炮弹的轰击，否则"塑料坦克"不就真的成了玩具坦克了。新型高分子复合材料的研究表明，

图165

塑料装甲的防护力完全可能与钢或铝合金装甲相匹敌。而且，塑料的一个特性是受到冲击时难于破碎，这与金属坦克大大不同，反坦克武器即使穿透塑料装甲，它也几乎不产生碎片，因而乘员受到伤害的可能性会大大减少。塑料坦克的好处远不仅如此。如果用塑料制造坦克，首先是可以大幅度减轻车重，可以大大提高机动性；其次是塑料可以自由成形，炮塔和车体可以加工成任意的形状。这不仅有利于提高车体的防弹性能和减轻重量，而且通过制成表面带圆形的光滑形状，还便于消除放射性沾染物。此外，光滑的车体形状还具有在一定的方向上不反射雷达波的特性。

此外，大家都知道，塑料具有不易腐蚀的性质，用塑料制造坦克显然

可以大大减轻维修保养工作量；塑料又是一种优良的绝热体，也是金属装甲无法比拟的。特别是红外成像装置和红外自动导引头等都是以车内的发动机和乘员所产生的热量作为热源的，若能够用绝热的塑料将这些热源包裹起来，红外成像装置和红外制导导弹就失去了目标。

同时，采用塑料材料制造坦克，可以减少部件数量，实现部件的大型化和一体化，因而可以达到降低成本的目的。例如，现在服役的 M2/M3 "布雷德利"战车的铝合金／钢装甲车体有 24 个主要组件；而用塑料制成的坦克只需要有底板、侧向板和顶板等 3 个主要组件就够了。

那么，"塑料坦克"（图 166）的前景如何呢？

图 166

目前对于"塑料坦克"的探索已不再局限于理论探讨阶段。美国陆军正投资 1300 万美元使用 2 辆采用塑料底盘的混合式"布雷德利"试验样车进行塑料装甲车体的试验，并用这两辆样车与现有"布雷德利"战车进行了对比试验。在此基础上，美国陆军材料技术研究所和 FMC 公司已经进入在任意弹道、构造、环境要求等方面具有最佳特性的塑料材料的选择与试验阶段。比如，其中一个特别重要的研究内容就是纤维与树脂的最佳比例的研究，因为这种比例不同，形成的"塑料"性能大不相同。这个项目是由欧文斯·科林纤维玻璃公司与塞兰得公司共同进行的。材料技术研究所承担新材料的调研任务，它有世界规模的材料情报收集能力。而 FMC 以制造大型塑料车体的技术优势从事这方面的研究。

目前美军对"塑料坦克"（图 167）的研制开发的目的是评估未来战车采用塑料装甲的实用价值，而不是要很快制造出一辆"塑料坦克"。

图 167

其实，不仅仅是塑料可用于制造坦克，其他特殊材料用于坦克的可能性研究也在进行着，特别是陶瓷，它不仅可以用作装甲板，从对激光的防护性来看，用作未来坦克的观察装置的材料也很有希望。因为，今后的战场上会愈来愈多地使用各种激光武器，对于观察装置中的光学器件具有极强的破坏作用，可以预料，今后对可以防激光的观察装置的需求会越来越迫切，陶瓷正可以满足这一需要。所以，未来战场上，可能像玩具坦克大战一样，出现"塑料坦克"、"陶瓷坦克"等各种材料的坦克。

隐形坦克

提起隐形飞机（图168），人们马上就能说出 F-117 隐形战斗机、B-2隐形轰炸机等等，他们在海湾战争中一马当前，在科索沃战争中横冲直撞，大名真可谓是如雷贯耳。对于隐形军舰大家也不陌生，世界上已经有很多型号进入现役。那么，未来会不会出现"隐形坦克"呢？

高新技术的迅猛发展，使战场侦察技术发生了质的飞跃，战场已经变得非常"透明"（图169）。这就逼着人们去想对策，于是，作为反侦察技

图 168

术的隐形技术倍受各国军队的重视。20世纪70年代以来，苏联和美、日、英、法等国都投入大量人力、物力和财力来研究这种隐形技术，并取得了突破性进展。特别是隐形飞机在海湾战争中卓有成效的应用，进一步刺激了坦克隐形技术的发展。

坦克到底是如何隐身的呢？概括起来看，隐形坦克主要有五大"隐身术"：

图169

一是利用复合材料制造坦克车体。复合材料对光波、雷达波反射能力弱；可塑性好，能制成最佳的隐形结构外形；隔热性好，可减弱坦克的热辐射信号；具有消音作用。前面谈到的"塑料坦克"就可以很好地实现隐身。

二是降低坦克红外辐射。坦克的红外辐射主要来源于发动机及其排出的废气、射击时发热的炮管、履带与地面磨擦以及车体表面受阳光照射而产生的热。减小坦克红外辐射的主要措施有：改进发动机，减少排气中的红外辐射成分；在燃油中加入添加剂，使排出废气的红外频谱超出探测范围；改进冷却系统，降低坦克温度等。

三是实施表面伪装。涂敷迷彩和挂伪装网，也具有相当好的隐形效果。

四是降低坦克噪声。坦克噪声大、频率低，传播距离远，非常容易被对方传感器探测到。降低坦克噪声的主要措施有：采用噪声较小的发动机；坦克结构设计采用先进的隔音和消音技术；采用挂胶负重轮和装橡胶垫的履带等。

五是配备烟幕施放装置。施放烟幕是隐蔽坦克的重要手段之一。现代坦克使用的防红外探测的红外烟幕弹，可遮蔽红外波，因此，很多先进的坦克不仅配有烟幕弹发射筒，还装有发动机热烟幕发生装置来保护自己（图170）。

隐形坦克除了上述五大"隐身术"之外，还有七件"隐身衣"：

一是"超级植物毯"。大家知道，天然植物伪装在对付可见光和近红外侦察方面具有极强的能力。但是，用于坦克伪装的砍伐后的植物与生长的

图170

自然植物相比，在红外成像仪上有着截然不同的图像，极易辨别。于是，人们设想利用生物技术制造一种"超级植物毯"：在特制的"植物毯"中添加有一种供植物生长的营养剂，使用时逐渐分解，被植物吸收。植物的种子就编在毯子中，只要有一定外部条件，种子就会在短时间内快速生长，长成后则在较长时间内保持不变。同时，植物叶片形状、颜色及长成后在毯子上构成的斑点有多个种类，可供不同地区选择使用。

图171

二是变色生物涂料（图171）。通过基因工程，可以把变色基因移植到超级植物中去，使这些植物具有变色功能，自动适应周围背景的变化。另外，通过细胞工程，可以培育出能大量快速繁殖的藻类简单生物，植入有黏性的营养液中，并拌入超微粒金属粉末等电磁波吸收材料，制成新型生物涂料，喷涂在坦克上。

三是智能迷彩衣。智能迷彩是一套以小斑点迷彩为基础，由计算机自动设计图案、配色和绘制的自动迷彩伪装系统。小斑点迷彩是相对目前坦克的大斑点迷彩而言的，大斑点迷彩只适用特定的目标或环境，不能一彩多用。但对坦克而言，其作战环境既可能是雪原、沙漠，也可能是山岳丛林等。因此，迷彩伪装最好能满足坦克的各种需求，小斑点迷彩就是按照这种思想设计而成的，它是一种多色迷彩，以各色小斑点相互渗透，但不均匀分布的方式组合，利用空间混色原理形成的大斑点图案。这种由不同颜色的小斑点所组成的大斑点，在不同距离观察时，能产生不同的伪装效果。

四是变形保护伞。这种变形保护伞采用了防光学、防红外和防雷达三种功能合一的伪装网技术，每把伞只有几平方米大小或更小。它牢固地安装在坦克上，可以由乘员通过控制机构自动展开和收拢，操作十分便捷。它能使坦克始终保持最好的伪装效果，既能满足坦克运动伪装的需要，也能满足坦克静止伪装的要求。

五是纳米涂料。纳米材料具有一系列神奇的特性。用于伪装，主要是

图 172

利用其可以吸收较宽频带内的电磁波的特性，制成伪装涂料或涂层，用来吸收光波、热红外线和微波。用这种材料制造或喷涂的坦克由于其强烈的吸光和吸波性能，将使坦克具有良好的隐形效果。

六是等离子体技术（图172）。等离子体技术隐身原理是利用等离子体的宽频带吸波特性，通过等离子体发生器施放等离子体来躲避探测系统而达到隐身目的。这种技术还可以通过改变反射信号的频率使敌方雷达得到虚假数据，实现欺骗性伪装。坦克采用这种等离子体伪装无需改变其外形，也无需喷涂吸波材料和涂层，即可实现真正意义上的全"隐身"。

七是红外伪装投影仪。坦克最容易暴露的特征除外形，就是红外辐射。目前，各国军队都装备了大量用来对付坦克的红外制导导弹（图173）。因此，

图 173

有了红外伪装投影仪后，就能让坦克躲开敌方的导弹攻击，提高在战场上的生存能力。坦克上的激光探测器在探测到来袭导弹时，便向乘员报警并判别威胁来自何方，然后自动开启红外伪装投影仪，把本车的红外或雷达波影像投影到本车右侧面10米外，以诱骗来袭导弹偏离真实目标，去攻击虚假目标，起到掩护自己的作用。

坦克作为地面战场的重要突击力量，在未来战争中仍然是各类反坦克武器的众矢之的。

全电坦克

　　传统坦克的发展潜力已经很有限，于是有人设想了一种全新概念的坦克——全电坦克。这种坦克的全部能量来源于电能，采用电炮、电传动和电防护技术实施作战。尽管目前它还是一棵处于萌芽状态的弱小幼苗，但却已经显示出了旺盛的生命力，前途无量。

　　全电坦克概念最早是由电炮技术起源的。坦克炮是坦克火力的支柱，为了增强火力，通常的方法就是不断地增大火炮口径，目前最大的坦克炮口径已达 140 毫米。但是，火炮是不能无限加粗的，人们只得打破常规，从更大的范围寻求解决力法。于是，就有了电磁炮。

　　是火炮，就离不开火药、炸药，这似乎是人们常识范围的事。但是电磁炮（图 174）却不用火药，电磁炮是利用电磁力将弹丸加速到极高速度的一种超速动能武器。有人把电磁炮比做"电磁弹弓"，这个比喻十分形象。"电磁弹弓"和橡皮筋弹弓在原理上是一样的，只不过一个用橡皮筋的变

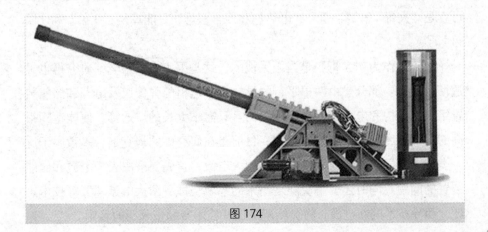

图 174

形能力为动力，一个用电磁力为动力罢了。尽管电磁炮已经不能说是"火"炮了，但它毕竟还是一种用来发射炮弹的炮。

电磁炮的历史，根据有史可查的资料，至少可以追溯到 1916 年。就是从 1937 年美国普林斯顿大学首次利用电磁力发射物体试验时算起，也有 50 多年的历史了。半个世纪以来，电磁炮的发展也是几起几落，历尽坎坷。其中一个重要的原因是由于电磁炮需要大电流、强磁场，这样就产生了一系列当时技术上难以解决的问题，阻碍了研制工作的顺利进行。

图 175

进入 20 世纪 70 年代以来，人们对电磁炮（图 175）的兴趣又重新高涨起来，这要归功于美国"星球大战"计划中对动能武器的研究。在美国，电磁炮的直接研制经费，1987 年为 2.24 亿美元，1988 年达到 2.45 亿美元。美国陆军与研究机构和厂商签订的电磁炮开发、试验合同中，要求将 9 兆焦耳的电磁炮装到 M2 步兵战车的底盘上，进行车载试验，并于 1989 年末就进行过表演。看来美国电炮坦克的研究工作，已经取得了相当的进展。

电磁炮的威力大，潜力大，发射时无噪声，无炮口火焰，火控系统简单，易于实现自动装填，炮弹数量充足，难怪人们对它有这样大的兴趣。

在坦克用的电磁炮家族中，一共有"兄弟"四人：导轨炮和线圈炮，可算是"大哥"和"二哥"；电热炮和混合型炮，只能算是"三弟"和"四弟"了。

导轨炮作为"大哥"是当之无愧的，这是因为它资格老，研究得也最透彻。其主要部分是由两根平行的导轨和带电枢的弹体以及电源和储能装置组成，结构和电路都比较简单，而且只需不太长的"炮管"便能达到很高的发射速度，适于作为坦克炮。目前正在研究中的坦克炮，多数属于这一类。由于导轨炮需要几百万安培的大电流，首先要解决大型电源和储能装置的问题。同时还要解决随之而来的导轨烧蚀、耐大电流开关等技术难题。超导技术的新进展，将会给解决这些技术难题带来新的希望。

老二线圈炮，又叫同轴螺线加速器，它是利用被发射物体上的电流与静止线圈所形成的磁场的相互作用，来推动弹丸前进。这种方式不需要过高的电流值，没有导轨烧蚀等问题，但需要较长的导轨（身管），所能达到的弹丸初速也不算高，一般认为它不太适于作为坦克炮。

老三电热炮（图176），虽说是"小弟弟"，但它与导轨炮相结合以后，则大有后来居上之势。这种炮是在金

图 176

属块中开有孔穴，插入很细的电极，在外侧块之间放电。电极之间放置易蒸发的有机材料，蒸发后，进一步形成过热的等离子体。等离子体使弹体后部的流体气化、膨胀，通过膨胀作功，使弹丸加速向前运动。

这种流体和液体发射药不同，是不可燃的。也就是说，电热炮和传统的火炮不同，传统火炮是靠火药的化学能变成火药气体膨胀作功的，而电热炮则是通过电离的过热气体使流体蒸发、膨胀作功的，基本上是一个物理过程。

研究表明，电热炮的热效率在理论上不超过40%，速度超过2千米／秒，效率会进一步降低。所以，单独使用是划不来的，往往和导轨炮混合利用，

图 177

因此就有了老四——混合型炮（图177）。坦克一般使用电热炮／导轨炮混合型炮。这种炮是将电热炮和导轨炮结合在一起，先用电热炮使炮弹达到较大的初速，而后再接着用导轨炮加速。这种混合型火炮充分利用了两者的长处，避开了两者的不足，很可能就是未来全电坦克火炮的标准配置。

面对越来越严重的反装甲威胁，坦克仅仅依靠传统的装甲进行防护已经难以维持生存。要想生存就必须另辟蹊径，电装甲就是一条很好的出路。

电装甲能在来袭炮弹或导弹击中坦克之前，由高压电流生成强磁场屏蔽坦克，击毁来袭炮弹或导弹。高压电主要依靠高能量密度的高压电容器组产生。同时，电装甲系统还能通过发现敌人激光测距机的激光信号，提前判定可能的威胁，并向这些有威胁的方向发射烟幕弹，以屏蔽敌人的视线。例如，美国陆军提出的一种40吨重的未来坦克方案，其车体两侧和炮塔正面就采用了复合装甲和电磁装甲组成的装甲系统。

从目前研制情况看，未来的电装甲有自动激活电磁装甲、主动电磁装甲和电热装甲等类型。自动激活电磁装甲的原理是，整个系统由位于主装甲外侧的两块薄钢板和高压电容器组成，有一定间隔距离的两块薄钢板中的一块接地，另一块与高压电容器组相连。当破甲弹的射流或穿甲弹的弹头穿过两薄钢板时，就会使两块薄钢板之间的电路连通，从而导致电容器组放电，通过射流和弹头的电流引起射流发散或弹头振动、膨胀和断裂，从而避免主装甲被击穿。

主动电磁装甲由探测器系统、计算机控制系统、电容器组和钢板发射装置组成。一旦探测器发现接近的炮弹或导弹，计算机控制系统就指令开关接通电容器组，电容器组便向电感发射装置的线圈输出强大脉冲电流，于是发射装置就朝炮弹或导弹的飞行路线上投出一块钢板，以便撞毁它们或使它们偏离飞行路线而射偏。再就是毁坏或引爆装药战斗部。

电热装甲（图178）的组成与自动激活电磁装甲类似，只不过是位于

图178

主装甲前的两块薄金属板之间的间隔较小，而且其间有一层绝缘材料。当破甲弹的射流或穿甲弹的弹头穿过两块薄金属板时，电容器放电，使绝缘材料迅速受热膨胀，朝两边推压薄金属板，干扰和破坏射流或弹头的侵入。

随着车用小型大功率发电机、电动机、整流器、将直流电变成交流电的变流器、大功率脉冲电流发生器和电能存储器技术的进步，2020年前后会出现采用混合型的电磁炮和由被动复合装甲与电装甲组成的装甲系统的全电坦克。届时这种全电坦克的攻击和防护能力将得到空前提高。